人工智能与大数据专业群人才培养系列教材

Python 数据分析与可视化(微课版)

主　编：谢志明　石　慧　蔡少霖

副主编：刘少锴　陈静婵　张　娜　张　航

参　编：吕朔君　朱子沛　罗海洋

主　审：刘　俊

电子工业出版社.
Publishing House of Electronics Industry
北京·BEIJING

内 容 简 介

本书从 Python 数据分析的基础知识入手，通过大量案例，系统介绍数据分析的流程与数据可视化的方法，提高读者应用数据来解决实际问题的能力。

全书共 8 章，第 1 章主要介绍数据分析与可视化基本概念等相关知识；第 2 章主要介绍使用 Python 语言编程常用的知识点；第 3 章主要介绍 Python 数据分析常用的两个库 NumPy 和 Pandas；第 4 章主要介绍如何使用 Pandas 导入 CSV、XLSX 和 JSON 等类型数据；第 5 章和第 6 章主要介绍多个数据分析案例实战项目；第 7 章以《红楼梦》为例介绍整本书的文本处理与分析方法；第 8 章主要介绍电商订单数据处理与客户价值分析。本书秉承"实践为主、理论够用、注重实用"原则，将实验环节及实操内容融入各章节知识点与课程教学中。

本书既可以作为高职高专院校大数据技术、人工智能技术应用等计算机相关专业学生的教材，又可以作为 Python 数据分析初学者、爱好者及从事相关技术人员的参考用书。

图书在版编目（CIP）数据

Python 数据分析与可视化：微课版 / 谢志明，石慧，蔡少霖主编. —北京：电子工业出版社，2024.1

ISBN 978-7-121-46887-2

Ⅰ. ①P… Ⅱ. ①谢… ②石… ③蔡… Ⅲ. ①软件工具－程序设计 Ⅳ. ①TP311.561

中国国家版本馆 CIP 数据核字（2023）第 238310 号

责任编辑：李　静
印　　刷：北京虎彩文化传播有限公司
装　　订：北京虎彩文化传播有限公司
出版发行：电子工业出版社
　　　　　北京市海淀区万寿路 173 信箱　　　邮编：100036
开　　本：787×1092　　1/16　　印张：12.75　　字数：287 千字
版　　次：2024 年 1 月第 1 版
印　　次：2024 年 4 月第 2 次印刷
定　　价：42.80 元

凡所购买电子工业出版社图书有缺损问题，请向购买书店调换。若书店售缺，请与本社发行部联系，联系及邮购电话：（010）88254888，88258888。

质量投诉请发邮件至 zlts@phei.com.cn，盗版侵权举报请发邮件至 dbqq@phei.com.cn。

本书咨询联系方式：（010）88254604，lijing@phei.com.cn。

前　　言

本书以党的二十大精神为指引，围绕加快建设数字中国，发展数字经济，加快促进数字经济和实体经济深度融合，实施科教兴国战略、人才强国战略，坚持为党育人、为国育才，全面提高人才培养质量。本书通过理实结合案例讲解"数据挖掘""数据分析""数据可视化"等专业知识和应用方法，以实现岗位链、人才链和产业链的有效衔接。

Python 作为当今炙手可热的面向对象解释型语言和数据分析工具，拥有丰富和强大的第三方库；其特点是简单易学，免费开源、面向对象和可移植性强，具有可扩展性、可嵌入性、规范的代码和丰富的库等，因此，深受数据分析人员的青睐。

数据分析与可视化技术可以帮助人们从不同数量级和不同维度的数据或文本中找到有价值的信息和发现规律，并通过柱形图、饼图、折线图和散点图等来展示数据，便于人们阅读和理解数据，帮助人们快速挖掘数据中隐藏的重要信息。本书从 Python 数据分析基础知识入手，结合大量的数据分析案例，系统介绍了数据分析与可视化的原理和方法。学生通过学习本书内容可以逐步掌握 Python 数据分析与可视化的相关知识，提高解决实际问题的能力。

本书依据高职高专院校的教学特色及职业教育培养理念，突出学生的实际动手能力和培养学生的职业道德素养。全书案例注重实用、代码精简、图文并茂，因此学生只需花费少量时间学习各章节的前置知识便可上机进行实操或实训。

本书由汕尾职业技术学院和汕尾市计算机学会共同牵头，组织教师、会员与企业共同参与编写。本书凝聚了编者近些年的研究成果，主要有广东省教育科学规划课题高等教育专项课题（课题编号：2023GXJK948）、2020 年度广东省普通高校创新团队项目（自然科学）（课题编号：2020KCXTD045）、2021 年度广东省普通高校重点领域专项（新一代信息技术）（课题编号：2021ZDZX1101）、2021 年度广东省普通高校重点领域专项（数字经济）（课题编号：2021ZDZX3041）、2021 年度广东省教育科学规划课题项目（高等教育专项）（课题编号：2021GXJK515、2021GXJK589）、2020 年度校级质量工程项目校本教材"Python 数据分析"（课题编号：SWJY20-017），2023 年汕尾职业技术学院质量工程项目精品在线开放课程"数据分析及可视化"（课题编号：swjy23-020）等教科研成果。

本书是在汕尾职业技术学院校长蔡昭权的指导下编写完成的，全书由深圳信息职业技术学院刘俊主审。在编写本书期间，编者还得到了北京中软国际教育科技股份有限公司和广东泰迪智能科技股份有限公司的技术指导和数据支持。正因为有了他们的支持和帮助，我们才能如期完成本书的编写，在此一并表示感谢。

数据分析与可视化技术涉及面广且更新速度快，编者经过大量的重复实验与多年的工作经验积累，参考并引用了诸多学者的研究成果和论述，然后在与之相关的研究基础上扩充和改进，在此向这些学者深表敬意。

尽管我们付出了最大的努力，但由于经验和水平有限，书中难免会出现一些疏漏和不妥之处，恳请广大同行专家和读者给予批评与指正。如果您有更多的宝贵意见和建议，那么欢迎发送邮件（106710856@qq.com），以便我们及时修正完善，期待能得到您真挚的反馈。

为了方便师生教与学，本书提供了案例和习题原始数据文件、程序代码、电子课件等相关资源，请有需要的读者登录华信教育资源网进行下载。读者还可以通过发送邮件（757772307@qq.com）或加入教材资源服务交流 QQ 群（684198104），以便后续进行学术交流或获取更多相关下载资源。

感谢您使用本书，期待本书能成为您的良师益友。

注意：因本书是双色印刷，部分图片的彩色效果无法展示，请读者结合软件进行学习。

编 者

2023 年 8 月于汕尾职业技术学院

课程简介视频

教材资源服务交流 QQ 群

（QQ 群号：684198104）

目　　录

第1章

数据分析与可视化概述

学习目标

- 了解数据分析与数据可视化的概念及意义。
- 了解数据分析的流程。
- 了解数据分析与可视化常用工具与类库。
- 了解为何选用 Python 进行数据分析与可视化。
- 学会安装和使用面向科学计算的 Anaconda。
- 学会使用 conda 安装和管理 Anaconda。
- 掌握 Jupyter Notebook 的基本功能及高级功能。

计算机技术、数据库技术和传感器技术的飞速发展产生了海量信息，产生的数据量呈现指数型增长的态势，并通过网络和信息技术渗入人们日常生活的方方面面。如何管理和使用这些数据，目前已经成为数据科学领域中一个非常重要的研究课题。数据和它所代表的事物之间的关联既是进行全面数据分析和数据可视化的关键，也是深层次理解数据的关键。

1.1 数据分析

扫一扫
看微课

在了解什么是数据分析之前，我们要先知道数据与信息的概念。数据实际上不同于信息，至少在形式上不同，对于没有任何形式可言的字节流，除其数量、用词和发送的时间外，其他一无所知，人们很难理解其本质。信息实际上是对数据集进行处理，从中提炼出可用于其他场合的结论，是处理数据后得到的结果。

数据分析是数学与计算机科学相结合的产物，是指使用适当的统计分析方法对搜集的大量原始数据进行分析，提取有用信息并形成结论，从而对数据进行详细研究和概括总结的过程。简单来说，从原始数据中抽取信息的过程就是数据分析。数据分析的目的是抽取不易推断的信息，而一旦理解了这些信息，就能对产生数据的系统的运行机制进行研究，从而对系统可能的响应和演变做出科学预测。

数据分析最初用作数据保护，现已发展为数据建模的方法论。模型实际上是指将所研究的系统转化为数学形式，一旦建立数学或逻辑模型，对系统的响应能做出不同精度的预测，就可以预测在给定输入的情况下，系统会给出怎样的输出。这样，数据分析的目标不止于建模，更重要的是预测功能。

数据分析有狭义和广义之分。我们常说的数据分析是指狭义数据分析。狭义数据分析是指根据分析目的，采用对比分析、分组分析、交叉分析和回归分析等常用分析方法，对收集的数据进行处理与分析，提取有价值的信息，发挥数据的作用，并得到一个特征统计量结果的过程。广义数据分析包括狭义数据分析和数据挖掘。数据挖掘是指从大量的、不完全的、有噪声的、模糊的和随机的实际应用数据中，通过应用聚类、分类、回归和关联规则等技术，挖掘潜在价值的过程。因此，广义数据分析可以定义为针对搜集的数据运用基础探索、统计分析、深层挖掘等方法，发现数据中有用的信息和未知的规律与模式，进而为下一步的业务决策提供理论与实践依据。广义数据分析的主要内容如图 1-1 所示。

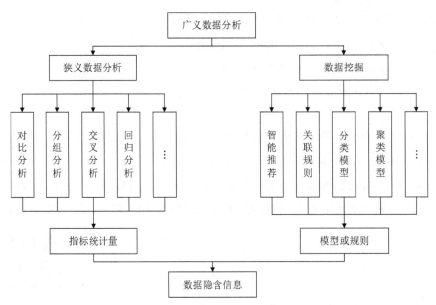

图 1-1　广义数据分析的主要内容

1.2　数据可视化

数据可视化有着非常久远的历史，最早可以追溯至远古时期。在远古时期，人类的祖先通过画图的方式记录对周围生活环境的认知。随着社会的发展，人类对世界的认知有了改变，已经能够灵活地运用柱形图、折线图等展示数据。随着计算机的普及，人们逐渐开始使用计算机生成更加丰富的图形。研究表明，80%的人能记得所看到的事物，而只有20%的人能记得所阅读的文字。因此，相较于文字类型的数据，人眼对图形的敏感度更高，记忆的时间更久。

数据可视化是数据分析和数据科学的关键技术之一。它将数据或信息编码为图形或图像，允许使用图形图像处理、计算机视觉与用户界面等工具，通过表达、建模，以及对立体、表面、属性和动画的显示，对数据加以可视化解释。简单来说，数据可视化就是借助图形化的手段将一组数据以图形的形式表示，让人们可以通过图形直观地看到数据分析结果，从而更容易理解业务的变化趋势或发现新的业务模式。也可以这么说，数据可视化其实就是将一个不易描述的事物形成一个可感知画面的过程，即从数据空间到图形空间的映射。数据可视化的过程示意图如图1-2所示。

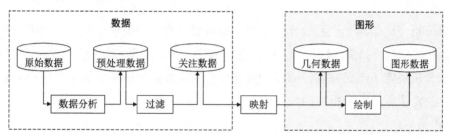

图 1-2　数据可视化的过程示意图

数据可视化可以创建出似乎没有任何联系的数据点之间的连接，让人们能够分辨出有用的和没用的数据。无论原始数据被映射为哪种图形数据，最终要达到的目的只有一个，即准确、高效、全面地传递信息，进而建立数据之间的关系，使人们发现数据之间的规律和特征，并挖掘出有价值的信息，从而提高数据沟通的效率。

数据可视化通过对数据不断地观察、分析，从而发现有用的信息模式。所以，只要建立数据和现实世界的联系，计算机技术便可以把数据或数据分析结果批量转换成不同的形状和颜色，通过图表表达有价值的信息。换而言之，数据可视化能实现让"数据说话"的目的。

数据可视化是数据分析工作中重要的一环，对数据潜在价值的挖掘有着深远的影响。在大数据和人工智能时代，可视化与可视分析是人类理解数据的导航仪，随着数据可视化平台的拓展、表现形式的变化，以及实时动态效果、用户交互使用等功能的增加，数据可视化的内涵正在不断扩大，对数据理解与分析的效率也在不断提高，相信数据可视化的应用领域会越来越广泛。

扫一扫
看微课

1.3　数据分析的流程

现如今数据分析已经演化为一种解决问题的过程，甚至是一种方法论。虽然每个公司或企业都会根据自身需求和目标创建最适合的数据分析流程，但是数据分析的核心步骤是一致的。一个典型的数据分析流程如图 1-3 所示。

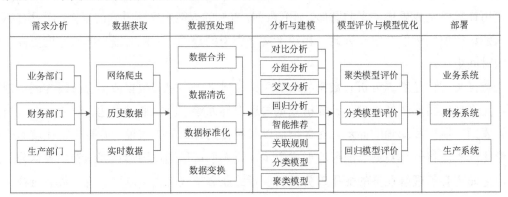

图 1-3　典型的数据分析流程

1．需求分析

需求分析一词来源于产品设计，主要是指从用户提出的需求出发，挖掘用户内心的真实意图，并转化为产品需求的过程。产品设计的第一步就是需求分析，也是最关键的一步，因为需求分析决定了产品方向。同理，需求分析也是数据分析环节的第一步和最重要的步骤之一，决定了后续的分析方向与方法。

2．数据获取

数据是数据分析工作的基础，是指根据需求分析的结果提取、收集数据。数据获取主要有两种方式：网络数据与本地数据。在数据分析过程中，具体使用哪种数据获取方式，依据需求分析的结果而定。

3．数据预处理

数据预处理是指对数据进行数据合并、数据清洗、数据变换和数据标准化。数据变换后使得整体数据变得干净、整齐，可以直接用于分析与建模这一过程的总称。在数据分析过程中，数据预处理的各个过程互相交叉，无明确先后顺序之分。

4．分析与建模

分析与建模是指通过对比分析、分组分析、交叉分析、回归分析等分析方法和聚类、分类、关联规则、智能推荐等模型与算法发现数据中有价值的信息，并得出结论的过程。

5．模型评价与模型优化

模型评价是指对已经建立的一个或多个模型，根据其模型的类别，使用不同的指标评价其性能优劣的过程。模型优化是指模型性能在经过模型评价后已经达到了要求，但在实际生产环境应用过程中，发现模型的性能并不理想，继而对模型进行重构与优化的过程。

6．部署

部署是指将通过了的正式应用数据分析结果与结论应用至实际生产系统的过程。根据需求不同，部署阶段可以是一份包含了现状具体整改措施的数据分析报告，也可以是将模型部署在整个生产系统的解决方案。

1.4　数据分析与可视化常用工具

1. Excel

Excel 是大家熟悉的电子表格软件，可以进行各种数据的处理、统计分析和辅助决策操作，被广泛应用于管理、统计财经、金融等众多领域。Excel 的局限性在于它一次所能处理的数据量，而且除非熟悉 VBA 这个 Excel 内置的编程语言，否则针对不同数据集来绘制一张图表将是一件很烦琐的事情。

2. Python

Python 是一种开源的、面向对象的、解释型交互式编程语言，于 1989 年由荷兰人 Guido van Rossum 开发，1991 年首次公开发行。它是从 ABC 语言发展而来的，采用的是伪编译方法，编写完程序后，要有解释器才能运行。Python 原本主要用于系统维护和网页开发，但随着大数据时代的到来，以及数据挖掘、机器学习、人工智能等技术的发展，促使 Python 进入数据科学的领域。

Python 拥有非常丰富的第三方模块，用户可以使用这些模块完成数据科学中的工作任务。例如，进行数据处理和统计分析时可使用 Pandas、Statsmodels 和 SciPy 等模块；实现数据可视化时可使用 Matplotlib、Seaborn 和 Pyechart 等模块；进行数据挖掘和深度学习等操作时可使用 sklearn、PyML 和 TensorFlow 等模块。

3. R 语言

R 语言是由来自新西兰奥克兰大学的 Ross Ihaka 和 Robert Gentleman 共同开发的。它是一套由数据操作、计算和图形展示功能整合而成的套件，主要用于统计分析、绘图。R 语言属于 GNU 系统的一个自由、免费、源代码开放的软件，是一种用于统计计算和统计制图的优秀工具。

4. MATLAB

MATLAB 是由美国 MathWorks 公司出品的商业数学软件，主要被应用于科学计算、可视化及交互式程序设计的高科技计算。它将数值分析、矩阵计算、科学数据可视化及非线性动态系统的建模和仿真等诸多强大功能集成在一个易于使用的视窗环境中，为科学研究、工程设计及必须进行有效数值计算的众多科学领域提供了一种全面的解决方案。

5. SPSS

SPSS（Statistical Product Service Solutions）是最早的统计分析软件。它封装了先进的统计学和数据挖掘技术来获得预测知识，并将相应的决策方案部署到现有的业务系统和业务过程中，从而提高企业的效益。SPSS 最突出的特点就是操作界面极为友好，输出结果美观、漂亮。它几乎将所有的功能都以统一、规范的界面展现出来，使用 Windows 窗口方式展示各种管理和分析数据方法的功能，对话框展示出各种功能选项。用户只要掌握一定的 Windows 操作技能，精通统计分析原理，就可以使用该软件为特定的科研工作服务。

6. SAS Enterprises Miner

SAS Enterprises Miner 是一种通用的数据挖掘工具，支持 SAS 统计模块。它把统计分析系统和图形用户界面集成起来，将数据存取、管理、分析和展现有机地融为一体，具有功能强大，统计方法齐、全、新，且操作简便、灵活的特点。

7. 专用可视化分析工具

除了数据分析与挖掘工具中包含的数据可视化功能模块，还有一些专用的可视化工具提供了更为强大便捷的可视化分析功能。目前，常用的专业可视化分析工具有 Power BI、Fine BI、Tableau、Echarts 和 Gephi 等。

1.5 Python 数据分析与可视化常用类库

1. NumPy

NumPy（Numerical Python）是 Python 的一个开源数值计算扩展第三方库，支持大量的维度数组与矩阵运算，比 Python 提供的列表结构要高效得多，此外也针对数组运算提供了大量的数学函数库。

NumPy 内部采用 C 语言编写，对外采用 Python 语言进行封装，因此，在进行数据运算时，基于 NumPy 的 Python 程序可以达到接近 C 语言的处理速度。NumPy 也成为 Python 数据分析方向及其他库（如 SciPy、Pandas、Matplotlib 和 TensorFlow 等）的基础依赖库，已经成为科学计算事实上的"标准库"。

2. SciPy

SciPy 是一个方便、易于使用、专门为科学和工程计算设计的 Python 工具包，是在 NumPy 库的基础上开发的高级模块，提供了许多数学算法和函数的实现。SciPy 作为标准科学计算程序库，包含科学计算中常用的诸多功能模块，如统计、优化、整合、线性代数、信号处理、图像处理、常微分方程求解等。

3. Pandas

Pandas 是一个基于 NumPy 扩展的重要第三方库，也是 Python 数据分析核心库。最初它是被作为金融数据分析工具而开发出来的，因此对时间序列分析提供了很好的支持。Pandas 提供了一批标准的数据模型和大量快速、便捷处理数据的函数和方法，还提供了高效操作大型数据集所需的工具。Pandas 提供了两种最基本的数据类型：Series 和 DataFrame，分别代表一维数组和二维数组类型。

4. Matplotlib

Matplotlib 是最流行的用于绘制数据图表的 Python 库，是 Python 的 2D 绘图库，被广泛应用于科学计算的数据可视化。Matplotlib 的操作比较容易，只需几行代码即可生成直方图、功率谱图、条形图、错误图和散点图等图形。当 Matplotlib 与 NumPy 一起配合使用时，这种组合能有效提供一种替代 MATLAB 开源解决方案。Matplotlib 也可以与图形工具包（如PyQt 和 wxPython）一起使用，使用户很轻松地将数据图形化；另外，Matplotlib 还提供多样化的输出格式。

5. Scikit-learn

Scikit-learn 是一个知名的 Python 机器学习库，被广泛应用于统计分析和机器学习建模等数据科学领域。Scikit-learn 建立在 NumPy、SciPy 和 Matplotlib 基础之上，对一些常用的算法和方法进行了封装。Scikit-learn 内置了丰富的数据集，如泰坦尼克、鸢尾花、波士顿房价数据等。用户通过 Scikit-learn 能进行数据的预处理、特征工程、数据集切分、模型评估等工作；还能进行数据建模，实现各种监督和非监督学习的模型。

6. Seaborn

Seaborn 是在 Matplotlib 基础上进行二次封装的，是一个比 Matplotlib 具有更高集成度的 Python 可视化绘图库，使得绘图变得更加容易。Seaborn 旨在以数据可视化为中心来挖掘和理解数据，提供的面向数据集制图函数主要是针对行列索引和数组的操作，包含对整个数据集进行内部的语义映射与统计整合，以此生成赋予信息的图表。一般来说，Seaborn能满足大部分数据分析的绘图要求。

7. Pyecharts

Pyecharts 是一个用于生成 Echarts 图表的类库。Echarts 是一个由百度开源的商业级数据图表，也是一个纯 JavaScript 的图表库，可以为用户提供直观生动、可交互、可高度个性化定制的数据可视化图表，赋予了用户对数据进行挖掘整合的能力。Pyecharts 主要是基于Web 浏览器进行显示的，绘图所需的代码量较少，但可绘制的图形较多且图形也较为美观。

1.6　为何选用 Python 进行数据分析与可视化

1. 获取数据需要 Python

Python 是目前非常流行的网络爬虫语言。它拥有许多支持数据获取的第三方库（如Requests、Beautiful Soup、Selenium 等）及功能非常强大、免费、开源、跨平台的网络爬虫框架（如 Scrapy 等）。Scrapy 是一个快速、高层次的屏幕抓取和 Web 抓取框架，用于抓取Web 站点并从页面中提取结构化的数据。使用 Python 可以获取互联网上公布的大部分数据。

2．数据分析需要 Python

获取数据之后，还要对数据进行清洗和预处理，清洗完成后还要进行数据分析和可视化。Python 提供了大量第三方数据分析库，如 NumPy、Pandas、Matplotlib，可进行科学计算、Web 开发、数据接口、图形绘制等众多工作；开发的代码通过封装，也可以作为第三方模块供他人使用。

3．Python 语言简单高效

Python 语言的语法简洁、易学易用、代码可移植性好、程序可读性强。这些特点让数据分析师有能力挣脱程序本身语法规则的束缚，更快地进行数据分析。此外，Python 解释器还提供了大量内置库和函数库，而开源社区的程序员还在源源不断地贡献第三方函数库，几乎覆盖了计算机应用的各个领域。因此，Python 语言被形象地比喻为"内置电池"。

1.7 安装和使用面向科学计算的 Anaconda

扫一扫
看微课

Anaconda 是一个开源的 Python 发行版本，预装了包含 conda、Python 等 180 多个科学包及其依赖项，囊括了数据分析常用的 NumPy、SciPy、Matplotlib、Scikit-learn、Pandas 和 IPython 库。因为预安装了大量的科学包，所以当用户使用 Anaconda 时无须再花费大量时间安装众多的第三方 Python 包，只需专注地使用 Python 解决数据分析相关问题。

如果计算机上已经安装了 Python，则安装 Anaconda 不会有任何影响。实际上，脚本和程序使用的默认 Python 是 Anaconda 附带的 Python。

1．下载和安装 Anaconda 应用程序

（1）Anaconda 是跨平台的。打开 Anaconda 官方网站，发现有 Windows、macOS、Linux 三种版本可供下载，这里以 Windows 版本为例介绍，如图 1-4 所示。

图 1-4　下载 Anaconda

（2）下载 Anaconda 应用程序。单击图 1-4 中的 Download 按钮，可下载目前最新版本的 Anaconda 安装程序。

（3）以管理员身份运行 Anaconda 安装程序。右击 Anaconda3-XXX.exe，在弹出的快捷菜单中选择"以管理员身份运行"命令，打开安装程序向导。

（4）安装 Anaconda 应用程序。在"用户账户控制"对话框中，单击"是"按钮。然后根据安装向导，按照默认选项，安装 Anaconda 应用程序。安装完 Anaconda 应用程序之后，Windows 开始菜单项如图 1-5 所示。

其中，Anaconda Prompt（Anaconda3）是设置了 Anaconda 路径环境变量的命令提示行，建议相关命令行操作在该命令行窗口中运行。

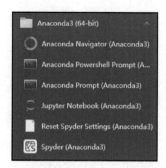

图 1-5　安装完 Anaconda 之后的 Windows 开始菜单

在 Anaconda Prompt（Anaconda3）窗口中输入 Python、IPython、Spyder、Jupyter Notebook 等命令，分别进入 Python 交互命令行、IPython 交互命令行、Spyder IDE、启动 Web 端的 Jupyter Notebook；也可以使用 conda 命令行配置 Anaconda。

2. 使用 conda 安装和管理 Anaconda

conda 是一个开源的包、环境管理器，可以用于在同一台计算机上安装不同版本的软件包及其依赖，并能够在不同的环境之间切换。

Anaconda 包含了环境管理器和包管理器 conda，可以更方便地在计算机上为不同的项目建立不同的运行环境（环境是特定 Python 版本及相关版本包的集合），以及管理特定环境下的包（包括安装、卸载和更新包）。其命令行的基本语法格式如下：

（1）查看 conda 的版本。

```
conda --version或conda -V
```

（2）查看 conda 的帮助信息。

```
conda-help
```

或者

```
conda-h
```

（3）修改其包管理镜像为国内源。

```
conda config --add channels https://mirrors.tuna.tsinghua.edu.cn/anaconda/
pkgs/free/
conda config --set show_channel_urls yes
```

（4）更新 conda。

```
conda update conda
```

（5）创建环境。

创建名为 env_name 的环境，并安装包 package_names。

```
conda create -n env_name package_names
```

创建名为 py3 的环境，并安装最新版本的 Python3。

```
conda create -n py3 python=3
```

（6）列出创建的环境。

```
conda env list
```

（7）删除环境。

```
conda env remove -n env_name
```

（8）共享环境。

先把当前环境输出到一个文件，再通过 update 参数设置共享环境。

```
conda env export > py3.yaml
conda env update -f=py3.yaml
```

（9）进入环境。

```
activate env_name
```

（10）离开环境。

```
deactivate
```

（11）查看当前环境中的包列表。

```
conda list
```

（12）查看可用包版本信息。

```
conda search beautifulsoup4
```

（13）安装包。

```
conda install package_names
```

安装 NumPy 和 Pandas 的最新版本。

```
conda install numpy pandas
```

安装 BeautifulSoup4 的 4.60 版本。

```
conda install beautifulsoup4=4.6.0
```

（14）更新安装包。

```
conda update package_names
```

（15）卸载包。

```
conda remove package_names
```

3. 在 cmd 命令窗口中使用 pip 命令安装和管理 Anaconda。

（1）安装包。

```
pip install package_names
```

（2）删除包。

```
pip uninstall package_names
```

（3）更新安装包。

```
pip install --upgrade package_names
```

也可以在 Jupyter Notebook 的单元中运行 pip 命令执行相应的包安装或更新命令，只需在命令前面添加"!"，如执行"!pip install package_names"命令即可进行包的安装。

1.8 掌握 Jupyter Notebook 的基本功能

扫一扫
看微课

1. 启动 Jupyter Notebook

方法一：

安装完 Anaconda 之后，在 Windows 开始菜单中找到 Anaconda3 目录中的 Anaconda

Prompt（Anaconda3）或在 Windows 系统的 cmd 命令窗口中输入"jupyter notebook"命令，即可启动 Jupyter Notebook，如图 1-6 所示。启动后的 cmd 窗口为 Jupyter Notebook 后台运行进程，不要关闭。

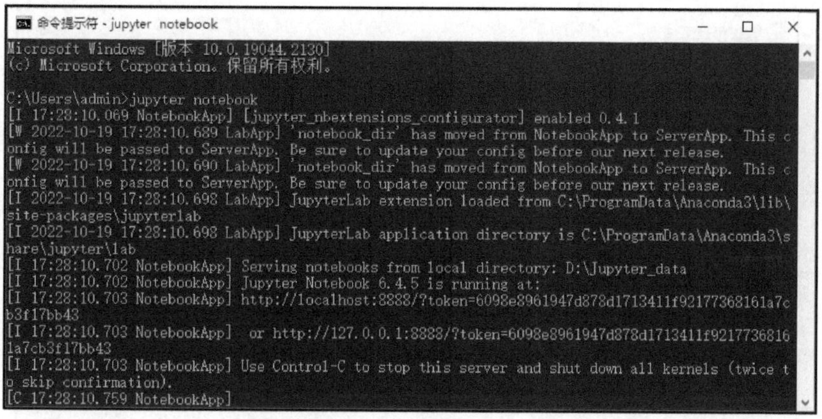

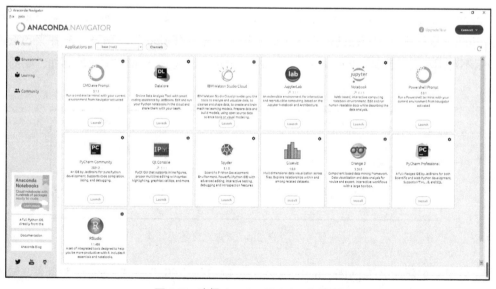

图 1-6　启动 Jupyter Notebook

方法二：

在 Windows 开始菜单中找到 Anaconda3 目录下的 Jupyter Notebook 命令，即可快速启动 Jupyter Notebook，启动后的操作过程同方法一。

方法三：

在 Windows 开始菜单中找到 Anaconda3 目录下的 Anaconda Navigator 命令，打开 Anaconda 应用程序选择界面。在界面中找到 Jupyter Notebook 选项，单击下面的 Launch 按钮即可启动 Jupyter Notebook，如图 1-7 所示。

图 1-7　选择 Jupyter Notebook 选项

2．新建一个 Notebook

打开 Jupyter Notebook 后，会在系统默认的浏览器中出现如图 1-8 所示的界面。单击 New 下拉按钮，弹出 New 下拉列表，如图 1-9 所示。

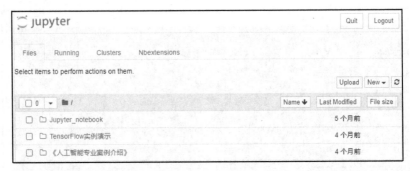

图 1-8　Jupyter Notebook 界面

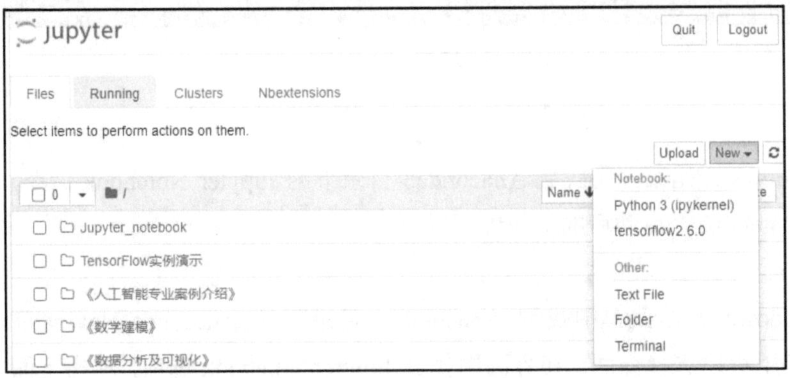

图 1-9　New 下拉列表

在 New 下拉列表中选择需要创建的 Notebook 类型。其中，"Python 3(ipykemel)"选项表示 Python 运行脚本，"Text File"选项表示纯文本型，"Folder"选项表示文件夹，灰色字体表示不可用项目。选择"Python 3(ipykemel)"选项，进入 Python 脚本编辑界面，如图 1-10 所示。

图 1-10　Python 脚本编辑界面

如果想要重新命名 Jupyter Notebook 标题，则选择"File"→"Rename"命令，输入新的名称，更改后的名称就会出现在 Jupyter 图标的右侧。

3. Jupyter Notebook 的界面及其构成

Notebook 文档由一系列单元（Cell）构成，主要有两种形式，一种是代码单元，另一种是 Markdown 单元。代码单元是编写代码的地方，按 Ctrl+Enter 组合键或 Shift+Enter 组合键运行代码，运行结果显示在本单元下方。每个单元左边有"In [ ]:"编号，方便用户查看代码的执行次序。Markdown 单元主要用于编辑文本，采用 Markdown 的语法规范，可以设置文本格式、插入链接、图片甚至数学公式。同样，按 Ctrl+Enter 组合键或 Shift+Enter 组合键可运行 Markdown 单元，显示格式化后的文本。

Jupyter Notebook 有两种模式，一种是编辑模式，另一种是命令模式。当最左侧单元框线为绿色时，该单元正处于编辑状态下，用于编辑文本和代码。当最左侧单元框线为蓝色时，该单元正处于命令模式下，用于执行从键盘上输入的快捷命令。按 Esc 键可快速进入命令模式。例如，在命令模式下，在当前单元的上方增加一单元按 A 键，在当前单元的下方增加一单元按 B 键。

4. Tab 键补全

在 IDE 或交互式环境中提供了 Tab 键补全功能。当在命令模式下的单元输入库函数或表达式时，按下 Tab 键可以为任意变量（对象、函数等）搜索命名空间，与当前已输入的字符进行匹配，如图 1-11 所示。

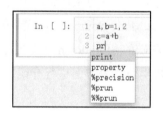

图 1-11　代码补全提示

扫一扫
看微课

5. Jupyter Notebook 常用快捷键

表 1-1 列举了 Jupyter Notebook 常用的快捷键及其功能。

表 1-1　Jupyter Notebook 常用的快捷键及其功能

模式	快捷键	描述
不分模式	Ctrl+Enter	运行当前单元代码
	Shift+Enter	运行当前单元代码并指向下一个单元
	Alt+Enter	运行当前单元代码并在下方插入新单元
编辑模式	Tab	代码补全
	Ctrl+/	注释
命令模式	Shift+↑ 和 Shift+↓	按住 Shift 键进行上下键操作可复选多个单元
	Shift+L	为所有单元的代码添加行编号
	Shift+M	合并所选单元或合并当前单元和下方的单元

续表

模式	快捷键	描述
命令模式	A	在上方新建一个单元
	B	在下方新建一个单元
	Y	把当前单元内容转换为代码形式
	M	把当前单元内容转换为 Markdown 形式
	双击 D	删除当前单元
	Z	撤销已删除的单元
	S	保存当前 Notebook
	H	查看所有的快捷键

1.9 掌握 Jupyter Notebook 的高级功能

扫一扫
看微课

1. Markdown

Markdown 语言是由约翰·格鲁伯（John Gruber）在 2004 年创建的，它是一种轻量级标记语言，允许人们使用易读易写的纯文本格式编写文档。使用 Markdown 编写的程序可以导出 HTML、Word、图像、PDF 等多种格式的文档。

由于 Markdown 的轻量化、易读易写特性，并且支持图片、表格、超链接及数学公式，许多网站都广泛使用 Markdown 来撰写帮助文档或者用于在论坛上发表消息，如 GitHub、Reddit、Diaspora、Stack Exchange、OpenStreetMap、SourceForge 等，甚至还能撰写电子书。

Jupyter Notebook 的 Markdown 单元比基础的 Markdown 功能更加强大。下面从标题、列表、字体、表格、超链接、插入图片和数学公式等方面进行介绍。

（1）标题。

标题是标明文章和作品等内容和简短语句。将单元切换到 Markdown 状态下，在首行前面添加一个"#"号表示一级标题，添加两个"#"号表示二级标题，以此类推，可达到六级标题。图 1-12 所示为 Markdown 标题代码。图 1-13 所示为 Markdown 标题展示效果。

图 1-12　Markdown 标题代码

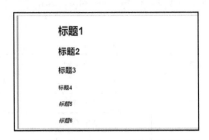

图 1-13　Markdown 标题展示效果

（2）列表。

列表是一种由数据项构成的有限序列，一般分为有序列表和无序列表。有序列表是用数字标记对列表按数字序号按序排列；而无序列表则是使用一些图标标记，不用数字序号排列的列表。Markdown 对于有序列表使用数字+"."表示。图 1-14 所示为 Markdown 有序列表和无序列表代码。图 1-15 所示为 Markdown 有序列表和无序列表展示效果。

图 1-14　Markdown 有序列表和无序列表代码

图 1-15　Markdown 有序列表和无序列表展示效果

（3）字体格式。

为了突显文档中的某部分内容，一般会对文字使用加粗、斜体、颜色等格式，使得这部分内容变得更加醒目。Markdown 通常使用"*"和"_"作为标记字词和符号，下画线可以通过 HTML 的<u>标签来实现。图 1-16 所示为 Markdown 字体格式代码。图 1-17 所示为 Markdown 字体格式展示效果。

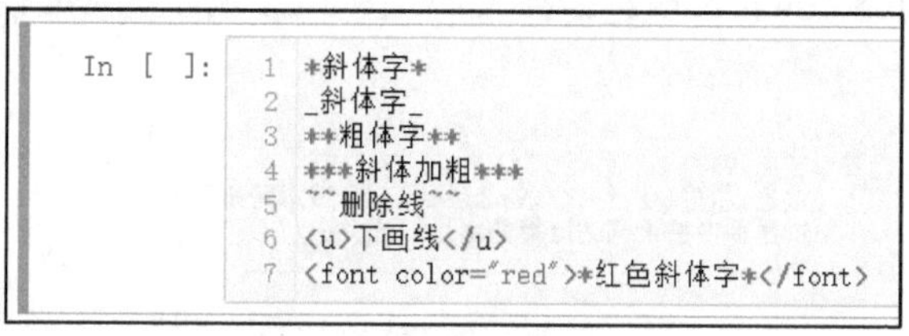

图 1-16　Markdown 字体格式代码

图 1-17　Markdown 字体格式展示效果

（4）绘制表格。

当使用 Markdown 绘制表格时，使用"|"分隔不同的单元格，使用"-"分隔表头和其他行。我们还可以设置表格的对齐方式，使用"-:"设置内容和标题栏居右对齐；使用":-"设置内容和标题栏居左对齐；使用":-:"设置内容和标题栏居中对齐。图 1-18 所示为 Markdown 绘制表格代码。图 1-19 所示为 Markdown 绘制表格展示效果。

```
1  院校|专业|班级|学号|姓名|性别|生源地|
2  :----------|:----------|----------|----------|----------|----------|----------|
3  汕尾职业技术学院|人工智能技术应用|1班|2023322101|张虹|女|汕尾城区|
4  汕尾职业技术学院|人工智能技术应用|2班|2023322201|李小光|男|广东梅州|
5  汕尾职业技术学院|大数据技术|1班|202324101|吕飞飞|女|汕尾陆丰|
6  汕尾职业技术学院|计算机网络技术|1班|202325101|王大伟|女|广东河源|
```

图 1-18　Markdown 绘制表格代码

院校	专业	班级	学号	姓名	性别	生源地
汕尾职业技术学院	人工智能技术应用	1班	2023322101	张虹	女	汕尾城区
汕尾职业技术学院	人工智能技术应用	2班	2023322201	李小光	男	广东梅州
汕尾职业技术学院	大数据技术	1班	202324101	吕飞飞	女	汕尾陆丰
汕尾职业技术学院	计算机网络技术	1班	202325101	王大伟	女	广东河源

图 1-19　Markdown 绘制表格展示效果

（5）超链接。

使用 Markdown 还可以对指定的文本进行超链接，其语法格式如下：

```
[链接名称](链接地址)
```

或者

```
<链接地址>
```

图 1-20 所示为 Markdown 实现超链接代码。图 1-21 所示为 Markdown 实现超链接展示效果。

```
1  这是[百度](http://www.baidu.com)搜索网站链接
2  这是百度搜索网站链接的地址：<http://www.baidu.com>
```

图 1-20　Markdown 实现超链接代码

```
这是百度搜索网站链接
这是百度搜索网站链接的地址：http://www.baidu.com
```

图 1-21　Markdown 实现超链接展示效果

（6）插入图片。

使用 Markdown 还可以插入图片，其语法格式如下：

```
![alt 属性文本](图片地址)
```

或者

```
![alt 属性文本](图片地址 "可选标题")
```

图 1-22 所示为 Markdown 实现插入图片代码。图 1-23 所示为 Markdown 实现插入图片展示效果。

```
1  ![RUNOOB 图标](http://static.runoob.com/images/runoob-logo.png)
2  ![RUNOOB 图标](http://static.runoob.com/images/runoob-logo.png "RUNOOB")
```

图 1-22　Markdown 实现插入图片代码

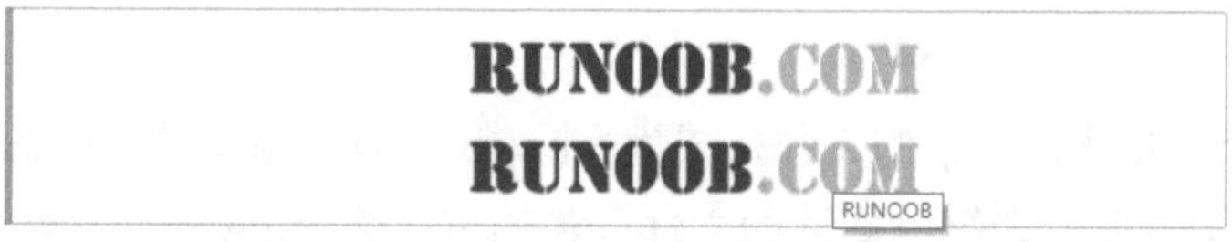

图 1-23　Markdown 实现插入图片展示效果

（7）数学公式。

在 Jupyter Notebook 的 Markdown 单元中还可以使用 LaTeX 来插入数学公式。在单元行中使用 "$" 符号可以插入简单的数学公式。例如，质能方程 $E = mc^2$，只需在单元行中输入 "\$E=mc^2\$"，即可显示插入数学公式后的效果。图 1-24 为 Markdown 使用 LaTeX 语法插入数学公式后展示的结果。

$$E = mc^2$$

图 1-24　Markdown 使用 LaTeX 语法插入数学公式后展示的结果

2. 导出功能

Jupyter Notebook 还有一个强大的特性，就是其导出功能，可以将 Jupyter Notebook 导出为多种格式，如 HTML、Markdown、PDF（通过 LaTeX）、reST、Python 等。其中，导出 PDF 格式的功能，可以让用户不用编写 LaTex 即可创建漂亮的 PDF 文件；还可以将制作的网页发布在网站上；甚至还可以导出 reST 格式，作为软件库的文档。

Jupyter Notebook 导出功能可以通过 "File" → "Download as" 级联菜单中的命令实现，如图 1-25 所示。

图 1-25　Jupyter Notebook 导出功能级联菜单

3．快速导出阅读式 PDF 文件

Jupyter Notebook 默认保存的文件格式为".ipynb"，但是源文件只能在 Jupyter Notebook 环境下打开。为了方便打印平时阅读的文件，我们可以将".ipynb"文件另存为".pdf"文件。方法是在 Web 端按 Ctrl+P 组合键，打开"打印"列表框，在"目标打印机"下拉列表中选择"另存为 PDF"选项，单击"保存"按键即可存储为 PDF 文件，如图 1-26 所示。

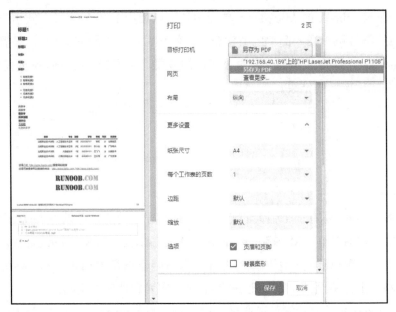

图 1-26　导出阅读式 PDF 文件

本章小结

本章主要对数据分析和可视化的理论及意义、常用库及工具进行了概述。首先介绍了数据分析与可视化的概念，数据分析的基本流程，阐述了使用 Python 进行数据分析与可视化的优势；其次介绍了如何在 Windows 系统下下载、安装和使用面向科学计算的 Anaconda，以及使用 conda 安装和管理 Anaconda；再次介绍了启动 Jupyter Notebook 的 3 种方法，重点介绍了 Jupyter Notebook 的基本功能与高级功能的使用方法及展示效果；最后介绍使用 Jupyter Notebook 导出文件或程序的方法。

本章习题

一、单选题

1．下列关于数据和数据分析的说法正确的是（　　）。

A．数据就是数据库中的表格

B．数据分析不可以预测未来几天的天气变化

C．文字、声音、图像这些都是数据

D．数据分析的数据只能是结构化的

2．下列关于数据分析流程的说法错误的是（　　　）。

A．数据预处理是进行数据建模的前提

B．需求分析是数据分析最重要的一部分

C．模型评价能够评价模型的优劣

D．当分析与建模时只能使用数值型数据

3．Jupyter Notebook 不具备的功能是（　　　）。

A．使用 Jupyter Notebook 可以安装 Python 库

B．使用 Jupyter Notebook 可以出导出 HTML 文件

C．使用 Jupyter Notebook 可以直接生成一份交互式文档

D．使用 Jupyter Notebook 可以将文件分享给他人

4．在 Jupyter Notebook 的命令模式下，可查看所有快捷键的是（　　　）。

A．Esc 键　　　　　　　B．Y 键　　　　　　　C．B 键　　　　　　　D．H 键

5．在 Jupyter Notebook 的单元中安装包或库的方法正确的是（　　　）。

A．pip install package_names

B．!pip install package_names

C．conda install package_names

D．!conda install package_names

二、多选题

1．下列关于 Jupyter Notebook 的描述错误的是（　　　）。

A．Jupyter Notebook 有两种模式

B．Jupyter Notebook 有两种单元形式

C．Jupyter Notebook 仅支持 Python 语言

D．Jupyter Notebook 中的 Markdown 无法使用 LaTeX 语法

2．下列属于 Anaconda 主要特点的是（　　　）。

A．完全开源和免费

B．支持 Python 语言多种版本，可自由切换

C．额外的加速和优化是免费的

D．包含众多流行的科学、工程、数据分析、数据可视化的 Python 包

3．下列关于 Python 数据分析库的描述错误的是（　　　）。

A．NumPy 在线安装不需要其他任何辅助工具

B．SciPy 的主要功能是可视化图表

C．Scikit-learn 包含所有算法

D．Pandas 能够实现数据的整理工作

三、简答题

1．简述数据可视化分析的基本过程。

2．简述 Jupyter Notebook 编辑模式与命令模式之间的切换方法及这两种模式的不同之处。

四、操作题

1．使用 Jupyter Notebook 编写一个"Hello World"程序，并导出为 HTML 文件。

2．在 Markdown 模式下的单元中插入一张本地图片，并导出为 PDF 文件。

第2章

Python 语言编程基础

学习目标

- 熟悉 Python 的基本语法规则。
- 熟悉 Python 的基本数据类型。
- 掌握数据格式化操作方法。
- 掌握 Python 组合数据类型。
- 掌握 Python 推导式。
- 掌握函数定义及匿名函数的基本使用方法。

    Python 是一门优雅而健壮的通用编程语言，继承了传统编译型语言的强大功能和通用性，也借鉴了简单的脚本和解释型语言的易用性，具有结构简单、语法清晰的特点。Python 接近自然语言，读 Python 的代码就像英文文档一样易于理解。"Life is short, you need Python." 这句出自语言专家 Bruce Eckel，并且在 Python 开发领域广为流传，意思是"人生苦短，我用 Python。"从这句简单而明了的话不难看出 Python 的受欢迎度，由 TIOBE 发布的月热度语言排行榜显示，Python 已经超过了 C 语言和 Java。

扫一扫
看微课

2.1 Python 基本语法

    Python 最具编程特色就是采用严格的"缩进"格式来表示程序逻辑和代码块，缩进的空格数是可变的，但是一个代码块的语句必须包含相同的缩进空格数。在编程中，代码缩进除了可以用多个空格实现（建议用 4 个空格方式书写代码），还可以用 Tab 键实现，但要注意 Tab 键和空格不可混合使用。

    一般来说，在编写代码时尽量不要使用过长的语句，尽量保证一行代码不超过屏幕宽度，超出部分使用续行符"\"（反斜杠）表示，使用续行符后要注意"\"后面不能再有空格且必须直接换行。另外，Python 代码中有两种常用的注释形式，即"#"号和三引号""""""。使用"#"进行单行注释，连续使用多个"#"可实现多行注释；如果是大段多行说明性文本，则常使用""""""注释。下面介绍 Python 的基本语法元素。

1. 变量与赋值

变量是保存和表示数据值的一种语法元素，在程序中十分常见。顾名思义，变量的值是可以改变的，能够通过赋值（使用等号=表达）方式修改。

赋值语句并不会复制指向的值，而只是标记和重新标记既有值。因此，无论变量指向的对象有多大、多复杂，赋值语句的效率都非常高。

2. 命名

给变量或其他程序元素关联名称或标识符的过程称为"命名"。一般，函数命名用小写字母，类命名用驼峰命名法，其命名规则如下。

（1）变量名的长度不受限制，但其中的字符必须是字母、数字、下画线"_"和汉字等字符及其组合给变量命名，而不能使用空格、连字符、标点符号、引号或其他字符。

（2）变量名的第一个字符不能是数字，必须是字母或下画线。

（3）Python 区分大小写字母，如 python 和 Python 是两个不同的名字。

（4）标识符名字不能与 Python 关键字相同。

3. 关键字

关键字（保留字）是指被编程语言内部定义并保留使用的标识符。程序员编写程序不能定义与关键字相同的标识符。每种程序设计语言都有一套关键字，关键字一般用于构成程序整体框架、表达关键值和具有结构性的复杂语义等。

掌握一门编程语言首先要熟记其所对应的关键字。我们可以通过如下代码，查看 Python 的 36 个关键字，如表 2-1 所示。

```
In [1]: import keyword
        print(keyword.kwlist)
```

表 2-1 Python 的 36 个关键字

and	as	assert	assert	async	break
class	continue	def	del	elif	else
except	False	finally	for	from	global
if	import	in	is	lambda	None
nonlocal	not	or	pass	raise	return
True	try	while	with	yield	__peg_parser__

2.2 Python 基本数据类型

Python 有 6 种标准的数据类型：数字（number）、字符串（string）、列表（list）、元组（tuple）、集合（set）和字典（dictionary）。其中，数字、字符串和元组为不可变数据类型；列表、集合和字典为可变数据类型。下面先介绍数字、字符串这两种数据类型。

1. 数字类型

表示数字或数值的数据类型称为"数字类型"。Python 提供 3 种数字类型：整数、浮点数（实数）和复数。

扫一扫
看微课

（1）整数：一个整数值可以表示为十进制、十六进制、八进制和二进制等不同进制形式。

（2）浮点数：一个浮点数可以表示为带有小数点的一般形式，也可以采用科学记数法表示。

（3）复数：这里的复数与数学中的复数一致，采用 a+bj 的形式表示，存在实部和虚部。

2. 字符串类型

字符串被定义为引号之间的字符集合。在 Python 中，字符串采用一对单引号"'"、双引号"""或三引号"""""括起来。其中，单引号的作用和双引号的作用相同，应用于单行字符串；而三引号则应用于多行字符串。

作为字符序列，字符串可以对其中单个字符或字符片段进行索引。字符串包括两种序号体系：正向递增序号和反向递减序号，如图 2-1 所示。

扫一扫
看微课

图 2-1 Python 字符串的两种序号体系

此外，当 Python 字符串中出现反斜杠"\"时，我们要注意其语义的变化，一般表示一个转义序列的开始，是指字符串中存在特殊含义的字符。表 2-2 列出了常用的 5 种转义字符及其说明。

表 2-2 常用的 5 种转义字符及其说明

转义字符	说明
\n	换行
\r	回车
\\	反斜杠符号
\"	双引号
\t	制表符

注意：Python 允许使用 r" "的方式表示引号内部的字符串，默认不转义。

（1）字符串格式化。

在字符串中整合变量时需要使用字符串的格式化函数，用于解决字符串和变量同时输出时的格式安排问题。Python 推荐使用.format()格式化函数，其语法格式如下：

```
<模板字符串>.format(<逗号分隔的参数>)
```

模板字符串是一个由字符串和槽（用{}表示）组成的字符串，用于控制字符串和变量的显示结果。

方法一：

```
In [1]: SWIT="ShanWei Institute of Technology"
        print('汕尾职业技术学院的英文是{}'.format(SWIT))
Out[1]: 汕尾职业技术学院的英文是ShanWei Institute of Technology
```

方法二：

```
In [2]: SWIT="ShanWei Institute of Technology"
        print('汕尾职业技术学院的英文是 %s'%SWIT)
Out[2]: 汕尾职业技术学院的英文是ShanWei Institute of Technology
```

方法三：

```
In [3]: SWIT="ShanWei Institute of Technology"
        print(f'汕尾职业技术学院的英文是{SWIT}')
Out[3]: 汕尾职业技术学院的英文是ShanWei Institute of Technology
```

当有多个参数时，也可用上述方法呈现。这里使用 Python 推荐的格式化函数，f 格式化或 format 格式化。

```
In [4]: SW="汕尾"
        SWIT="ShanWei Institute of Technology"
        print(f'{SW}职业技术学院的英文是{SWIT}')
        print('{}职业技术学院的英文是{}'.format(SW,SWIT))
Out[4]: 汕尾职业技术学院的英文是ShanWei Institute of Technology
        汕尾职业技术学院的英文是ShanWei Institute of Technology
In [5]: print('{1}职业技术学院的英文是{0}'.format(SWIT,SW))
Out[5]: 汕尾职业技术学院的英文是ShanWei Institute of Technology
```

（2）format()函数的格式控制。

format()函数的槽除了包括参数序号，还包括格式控制信息，其语法格式如下：

```
{<参数序号>:<格式控制标记>}
```

格式控制标记用于控制参数显示时的格式，如表 2-3 所示。

表 2-3　格式控制标记的字段

:	<填充>	<对齐>	<宽度>	<,>	<精度>	<类型>
引导符号	用于填充的单个字符	<左对齐 >右对齐 ^居中对齐	槽的设定输出宽度	数字的千分位分隔符	浮点数精度或字符串最大输出长度	整数类型或浮点数类型

format()格式化字符串示例代码如下。

```
In [6]: print('1.{:^16}'.format('工程学院'))  #共占位16个宽度，工程学院居中
        print('2.{:>16}'.format('工程学院'))  #工程学院居右对齐
        print('3.{:<16}'.format('工程学院'))  #工程学院居左对齐
        print('4.{:*<16}'.format('工程学院')) #工程学院居左对齐，其他由*填充
        print('5.{:&>16}'.format('工程学院')) #工程学院居右对齐，其他由&填充
Out[6]: 1.    工程学院
        2.          工程学院
        3.工程学院
        4.工程学院************
        5.&&&&&&&&&&&&工程学院
```

（3）字符串操作。

针对字符串，Python 提供了 3 种基本操作符，如表 2-4 所示。

表 2-4　Python 操作符及其说明

操作符	说明
s1+s2	连接两个字符串 s1 与 s2
s*n 或 n*s	复制 n 次字符串 s
x in s	如果 x 是 s 的子串，则返回 True，否则返回 False

例如，Python 基本操作符简单应用如下。

```
In [7]: s1,s2="中国","你好"
        print(s1+s2)
        print(s1*3)
        print("中国" in s1)
        print("你好" in s1)
Out[7]: 中国你好
        中国中国中国
        True
        False
```

字符串中的子串还可以用分离操作符（[]或[:]或[::]）选取，对子串或区间的检索称为"切片"。切片的语法格式如下：

```
<字符串或字符串变量>[N:M:S]
```

切片获取字符串中从 N 到 M（不包含 M）的子串，其中，N 和 M 为字符串的索引序号，可以混合使用正向递增序号和反向递减序号。如果 N 缺失，则默认值为 0；如果 M 缺失，则默认到字符串结尾。S 为步长，表示隔多少个元素取一次。如果步长是正数，则从左往右取；如果步长是负数，则从右往左取。如果 S 缺失，则默认值为 1。

例如，提取子串"学习"二字。

```
In [8]: str="好好学习，天天向上！"
        print(str[2:4])
Out[8]: 学习
```

例如，对上述字符串进行每隔 1 个字符提取一次。

```
In [9]: print(str[::2])
```

```
Out[9]: 好学，天上
```

例如，提取字符串身份证号中的"出生年月日"。

```
In [10]: print("4401022005060700011"[6:14])
Out[10]: 20050607
```

2.3 Python 组合数据类型

Python 中最常用的组合数据类型有三大类：序列类型、集合类型和映射类型。序列类型是一个元素向量，元素之间存在先后关系，通过序号访问，元素之间不排他。序列类型的典型代表是字符串类型和列表类型。集合类型是一个元素集合，元素之间无序，相同元素在集合中唯一存在。映射类型是"键-值"数据项的组合，每个元素是一个"键-值"对，表示为（key,value）。映射类型的典型代表是字典类型。Python 组合数据类型如图 2-2 所示。

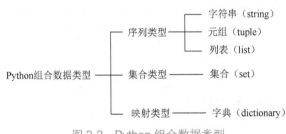

图 2-2　Python 组合数据类型

总体来说，序列类型和映射类型是一类数据类型的总称，而集合类型则是一个具体的数据类型名称。

扫一扫
看微课

2.3.1　列表

列表是包含 0 个或多个元组组成的有序序列，属于序列类型。列表可以对元素进行增加、删除、替换、查找等操作。列表和字符串不同之处在于，列表具有可变长度、异构及任意嵌套列表的特点。

列表类型用方括号"[]"表示，也可以通过 list(x)函数将集合或字符串类型转换为列表类型。列表是可变对象，支持在原处修改。

（1）列表切片：其操作方法与字符串子串截取方法类似。

```
In [1]: list1 = [16,'中国','China',[30,'SWIT','工程学院']]   #元素类型不同
        print(list1[3])
        print(list1[3][2])        #提取嵌套列表元素'工程学院'
Out[1]: [30, 'SWIT', '工程学院']
        工程学院
```

（2）使用 append()函数在列表末尾处追加元素。

```
In [2]: list1.append("Py3")
        print("列表末尾处追加元素：",list1)
```

```
Out[2]: 列表末尾处追加元素： [16, '中国', 'China', [30, 'SWIT', '工程学院'],
        'Py3']
```

（3）使用 extend()函数将两个列表连起来组成一个新的列表。

```
In [3]: list2=['广东','海丰']
        list1.extend(list2)
        print("列表连接：",list1)
Out[3]: 列表连接： [16, '中国', 'China', [30, 'SWIT', '工程学院'], 'Py3',
        '广东', '海丰']
```

（4）使用 insert(i,v)函数将元素 v 插入列表索引 i 处。

```
In [4]: list2.insert(1,"汕尾")          #在列表索引位置1处插入元素
        print("列表插入元素后为：",list2)
Out[4]: 列表插入元素后为： ['广东', '汕尾', '海丰']
```

（5）使用 index()函数返回列表中指定元素的索引值。

```
In [5]: print("索引值：",list2.index("汕尾"))
Out[5]: 索引值：1
```

如果没有匹配的元素，就会报错，提示'XXX' is not in list。

（6）使用 pop()函数删除列表中的指定元素。

```
In [6]: list3=['a1','a2','a3','a4','a5']
        print("默认为删除最后一个元素：",list3.pop())
        print("删除索引值为1的元素：",list3.pop(1))
Out[6]: 默认为删除最后一个元素：a5
        删除索引值为1的元素：a2
```

（7）使用 remove()函数删除列表中第一次找到的元素。

```
In [7]: list3=['a','c','b','c','d']
        List3.remove('c')
        print("返回列表现有元素：",list3)
Out[7]: 返回列表现有元素： ['a', 'b', 'c', 'd']
```

（8）使用 del 命令删除一个索引片段，也可以彻底删除整个列表。

```
In [8]: list3=['a','c','b','c','d']
        del list3[2:4]             #删除一个索引片段
        print(list3)
        del list3[:]              #删除整个列表
        print(list3)
Out[8]: ['a', 'c', 'd']
        []
```

（9）使用 reverse()函数将列表中的元素逆序排列。

```
In [9]: list3=['a1','a2','a3','a4','a5']
        List3.reverse()                #将列表中的元素逆序排列
        print(list3)
Out[9]: ['a5', 'a4', 'a3', 'a2', 'a1']
```

（10）使用 sort(key=None, reverse=False)函数对列表元素进行排序。

```
In [10]: list3=['a1','a2','a3','a4','a5']
         List3.sort(reverse=True)        #对列表元素进行降序排列
```

```
        print(list3)
        list3.sort(reverse=False)    #对列表元素进行升序排列，可省略参数
        print(list3)
Out[10]: ['a5', 'a4', 'a3', 'a2', 'a1']
         ['a1', 'a2', 'a3', 'a4', 'a5']
```

（11）列表常用的操作函数有 len()、min()、max()、list()和 enumerate()。

```
In [11]: list3=['a1','a2','a3','a4','a5']
         tup=('a1','a2','a3','a4','a5')
         print("列表元素个数：",len(list3))
         print("列表元素最小值：",min(list3))
         print("列表元素最大值：",max(list3))
         print("将元组转换为列表：",list(tup))
Out[11]: 列表元素个数：5
         列表元素最小值：a1
         列表元素最大值：a5
         将元组转换为列表：['a1', 'a2', 'a3', 'a4', 'a5']
```

下面介绍枚举函数 enumerate()。该函数一般应用于 for 循环中，用于将一个可遍历的数据对象（如列表、元组或字符串）组合为一个索引序列，同时列出数据和数据下标，其语法格式如下：

```
enumerate(sequence, [start=0])
```

- sequence：一个序列、迭代器或其他支持迭代对象。
- start：下标起始位置，默认值为 0。

枚举函数 enumerate()应用示例如下。

```
In [12]: list3=['a1','a2','a3','a4','a5']
         for i,v in enumerate(list3,1):    # 将下标起始值设置为1
             print('index=%d; value=%s'%(i,v))
Out[12]: index=1; value=a1
         index=2; value=a2
         index=3; value=a3
         index=4; value=a4
         index=5; value=a5
```

2.3.2　元组

扫一扫
看微课

Python 的元组与列表类似，下标索引从 0 开始，可以进行截取、组合等操作。不同之处在于元组的元素不能修改，元组使用圆括号"()"，列表使用方括号"[]"。创建元组很简单，只需要在圆括号中添加元素，并使用逗号","隔开即可。元组的用途有很多，如坐标系（x,y,z）及存放于数据库中不可修改的记录等。

元组应用示例如下。

```
In [13]: tup1=tuple('Python')
         print("输出元组：",tup1)
         tup2 = (1,2),(3,4,5),[6,7]
```

```
        print("输出元组: ",tup2)
        tup3 = "a","b","c","d"      # 也可以不使用圆括号
        print("输出元组: ",tup3)
        print("元组连接: ",tup1+tup2)
        print("统计某个元素在元组中出现的次数: ",tup1.count("P"))
Out[13]: 输出元组:  ('P', 'y', 't', 'h', 'o', 'n')
        输出元组:  ((1, 2), (3, 4, 5), [6, 7])
        输出元组:  ('a', 'b', 'c', 'd')
        元组连接:  ('P', 'y', 't', 'h', 'o', 'n', (1, 2), (3, 4, 5), [6, 7])
        统计某个元素在元组中出现的次数: 1
```

此外，如果元组中只包含一个元素，则需要在元素后面添加逗号，否则圆括号会被当作运算符使用。示例如下。

```
In [14]: tup=(100)              #不加逗号, 类型为整型
        print("数据类型为整型数: ",type(tup))
        tup=(100,)              #加上逗号, 类型为元组
        print("数据类型为元组: ",type(tup))
Out[14]: 数据类型为整型数: <class 'int'>
        数据类型为元组: <class 'tuple'>
```

2.3.3　字典

扫一扫
看微课

字典是另一种可变容器模型，且可存储任意类型对象。字典又被称为"键-值"对，是组织数据的一种重要方式，广泛应用在 Web 系统中。"键-值"对的基本思想是将"值"信息关联一个"键"信息，进而通过"键"信息查找对应"值"信息，这个过程称为"映射"。Python 通过字典类型实现映射。

字典的每个"键-值"对(k,v)用冒号":"隔开，每个对之间用逗号","隔开，整个字典置于花括号"{}"中。键必须独一无二，值可以取任何数据类型，但必须是不可变的，如字符串、数字或元组，其语法格式如下：

```
d={key1:value1, key2:value2, key3:value3}
```

字典类型和集合类似，即"键-值"对之间没有顺序且不能重复。此外，由于 dict 作为 Python 的关键字和内置函数，不建议使用 dict 作为变量名。表 2-5 中列出了字典类型的一些常用操作函数及其说明，使用 d 代表字典变量。

表 2-5　字典类型的一些常用操作函数及其说明

操作函数	说明
d.keys()	返回所有的"键"信息
d.values()	返回所有的"值"信息
d.items()	返回所有的"键-值"对
d.get(key,default)	如果键存在，则返回相应值；否则返回默认值
d.pop(key,default)	如果键存在，则返回相应值，同时删除"键-值"对；否则返回默认值

续表

操作函数	说明
d.popitem()	随机从字典中取出一个"键-值"对，以元组(key, value)形式返回
d.update()	把字典 d2 的"键-值"对更新到原字典 d 中
d.clear()	删除所有的"键-值"对

字典应用示例如下。

```
In [15]: d={1:10,4:8.6,2:"20","a":"字母",3:"Py3"}    #定义一个字典d
         print("键(keys): ",d.keys())
         print("值(values): ",d.values())
         print(""键-值"对(items): ",d.items())
         print("get: ",d.get(3,"该"键-值"对不存在! "))
         print("get: ",d.get(5,"该"键-值"对不存在! "))
         d[1]=6
         print("修改键为1的值: ",d)
         d.pop('a')
         print("删除a"键-值"对: ",d)
         d_temp={5:11}
         d.update(d_temp)
         print("更新后的字典: ",d)
         d.clear()
         print("清空后的字典: ",d)
```

运行结果如下。

```
Out[15]: 键(keys): dict_keys([1, 4, 2, 'a', 3])
         值(values): dict_values([10, 8.6, '20', '字母', 'Py3'])
         "键-值"对(items): dict_items([(1,10),(4,8.6),(2,'20'),('a','字母'),
         (3,'Py3')])
         get: Py3
         get: 该"键-值"对不存在!
         修改键为1的值: {1: 6, 4: 8.6, 2: '20', 'a': '字母', 3: 'Py3'}
         删除a"键-值"对: {1: 6, 4: 8.6, 2: '20', 3: 'Py3'}
         更新后的字典: {1: 6, 4: 8.6, 2: '20', 3: 'Py3', 5: 11}
         清空后的字典: {}
```

2.3.4 集合

扫一扫
看微课

集合是一个无序的且不重复的元素序列。用户可以使用花括号
"{}"或 set()函数创建集合。需要注意的是，创建一个空集合必须用 set()函数而不是用花括号 "{}"，因为花括号 "{}"可用于创建一个空字典。集合支持用 in 和 not in 操作符检查成员，用 len()内建函数得到集合的基数（大小），用 for 循环迭代集合的成员。但是因为集合本身是无序的，不可以为集合创建索引或执行切片操作。

集合和字典一样，只是没有 value，相当于字典的 key 集合。由于集合具有不重复性，常用于做数据去重任务；此外，集合元素为不可变对象，因此，列表和字典是不能作为集

合的元素的。表 2-6 所示为集合常用的内置函数及其说明。

表 2-6　集合常用的内置函数及其说明

操作函数	说明
issubset()	判断指定集合是否为该函数参数集合的子集
union()	返回两个集合的并集
difference()	返回多个集合的差集
intersection()	返回集合的交集
symmetric_difference()	返回两个集合中不重复的元素集合
isdisjoint()	判断两个集合是否包含相同的元素。如果没有包含相同的元素，则返回 True；否则返回 False

集合应用示例如下。

```
In [16]: set1={1,2,1,4,1}
         set2={2,4,6,8,2}
         print("数据去重: ",set1,set2)
         print("set2是否为set1集合的子集: ",set1.issubset(set2))
         print("两个集合的并集: ",set1.union(set2))
         print("两个集合的差集: ",set1.difference(set2))
         print("两个集合的交集: ",set1.intersection(set2))
         print("两个集合中不重复元素集合: ",set1.symmetric_difference(set2))
         print("集合是否包含相同的元素: ",set1.isdisjoint(set2))
Out[16]: 数据去重: {1, 2, 4} {8, 2, 4, 6}
         set2是否为set1集合的子集: False
         两个集合的并集: {1, 2, 4, 6, 8}
         两个集合的差集: {1}
         两个集合的交集: {2, 4}
         两个集合中不重复元素集合: {1, 6, 8}
         集合是否包含相同的元素: False
```

2.4　Python 推导式

扫一扫
看微课

Python 推导式是一种独特的数据处理方式，可以从一个数据序列构建另一个新的数据序列的结构体。Python 支持多种数据结构的推导式，主要有列表推导式、元组推导式、字典推导式、集合推导式。

2.4.1　列表推导式

列表推导式又被称为"列表解析式"，提供了一种简明扼要的方法来创建列表。它的结构是首先在一个方括号"[]"中包含一个表达式，然后是一个 for 语句，在某些情况下还有 if 语句。列表推导式的语法格式如下：

```
[表达式 for 变量 in 列表]
```

或者

```
[表达式 for 变量 in 列表 if 条件]
```

- 表达式：列表生成元素表达式，可以是有返回值的函数。
- for 变量 in 列表：迭代列表将变量传到输出的表达式中。
- if 条件：条件语句，可以过滤列表中不符合条件的值。

（1）把所有大写字母转换为小写字母。

```
In [1]: lists = ['Go','hello','SWIT','China','Me','Red','yes']
        new_lists = [x.lower()for x in lists]
        print(new_lists)
Out[1]: ['go', 'hello', 'swit', 'china', 'me', 'red', 'yes']
```

（2）过滤长度小于或等于 3 的字符串列表，并将剩下字符串的小写字母转换为大写字母。

```
In [2]: lists = ['Go','hello','SWIT','China','Me','Red','yes']
        new_lists = [x.upper()for x in lists if len(x)>3]
        print(new_lists)
Out[2]: ['HELLO', 'SWIT', 'CHINA']
```

（3）计算 100 以内可以被 7 整除的整数。

```
In [3]: mul = [i for i in range(100) if i%7==0]
        print(mul)
Out[3]: [0, 7, 14, 21, 28, 35, 42, 49, 56, 63, 70, 77, 84, 91, 98]
```

列表推导式在数据处理中经常被使用。例如，创建一个二维列表，用于统计 5 个学生 3 门课程成绩的平均分，学生的各科成绩随机生成，分数范围为 0～100 分。

```
In [4]: import random
        random.seed(2024)    # 随机数种子
        names=['胡一刀','张飞','苗人凤','黄蓉','杨过']
        courses=['语文','数学','英语']
        scores=[[random.randrange(0,101) for _ in range(3)] for _ in range(5)]
        scores
Out[4]: [[60,23,93], [74,38,25], [92,52,96], [91 97,33], [68,31,81]]
```

计算各个学生的平均分，并保留 1 位小数位数。

```
In [5]: for i,name in enumerate(names):
        avg_score=sum(scores[i])/len(scores[i])
        print('{}的平均分：{:.1f}分'.format(name,avg_score))
Out[5]: 胡一刀的平均分：58.7分
        张飞的平均分：45.7分
        苗人凤的平均分：80.0分
        黄蓉的平均分：73.7分
        杨过的平均分：60.0分
```

2.4.2 元组推导式

元组推导式的用法和列表推导式的用法完全相同，只是元组推导式用圆括号"()"将各部分括起来，而列表推导式则用方括号"[]"将各部分括起来，另外元组推导式返回的结果是一个生成器对象。元组推导式的语法格式如下：

```
(表达式 for 变量 in 序列)
```
或者
```
(表达式 for 变量 in 序列 if 条件)
```
　　（1）使用元组推导式生成一个包含数字 1~9 的元组。
```
In [6]: num = (x for x in range(1,10))
        print(num)              #返回的是生成器对象
        print(tuple(num))       #将生成器对象转换为元组
Out[6]: <generator object <genexpr> at 0x000002E085D192E0>
(1, 2, 3, 4, 5, 6, 7, 8, 9)
```
　　（2）使用元组推导式生成 10 以内偶数的元组。
```
In [7]: num = (x for x in range(1,10) if x%2==0)
        print(tuple(num))
Out[7]: (2, 4, 6, 8)
```

2.4.3　字典推导式

　　字典推导式可以针对字典执行一个 for 循环，对每个元素执行某些操作（如变换或过滤），返回一个新的字典。与 for 循环不同，字典推导式提供了一个更具表达功能和简洁性的语法。字典推导式的语法格式如下：
```
{key:value for (key,value) in dict.items()}
```
或者
```
{key:value for (key,value) in dict.items() if condition}
```
　　（1）以 1、3、5 数字为键，并把这 3 个数字的平方为值来创建字典。
```
In [8]: d={x:x**2 for x in (1,3,5)}
        print(d)
Out[8]: {1: 1, 3: 9, 5: 25}
```
　　（2）使用字典推导式返回成绩大于或等于 85 分的学生。
```
In [9]: d={'刘小朋':88,'张三飞':80,'李月月':85,'艾静':98,'田园园':79}
        new_d = {k: v for (k, v) in d.items() if v>=85}
        print(new_d)
Out[9]: {'刘小朋': 88, '李月月': 85, '艾静': 98}
```

2.4.4　集合推导式

　　集合推导式与列表推导式类似，唯一不同之处在于集合推导式使用花括号 "{}"。集合推导式的语法格式如下：
```
{表达式 for 变量 in 序列}
```
或者
```
{表达式 for 变量 in 序列 if 条件}
```
　　（1）使用集合推导式计算 1、2、3 数字的平方数。
```
In [10]: set1={i**2 for i in (1,2,3)}
         print(set1)
```

```
Out[10]: {1, 4, 9}
```

（2）判断不是 ab 的字母并输出集合。

```
In [11]: set1 = {x for x in 'abccbasa' if x not in 'ab'}
         print(set1)
Out[11]: {'c', 's'}
```

2.5 函数

扫一扫
看微课

函数是一段具有特定功能的、可重用的语句组，通过函数名来表示和调用。经过定义，一组语句等价于一个函数，在需要使用这组语句的地方，直接调用函数名称即可。因此，函数的调用包括两部分：函数的定义和函数的使用。

函数可以在一个程序中多个位置使用，也可以用于多个程序。当对代码进行修改时，只需要在函数中修改一次即可，所有调用位置的功能都会随之更新。因此，编程时使用函数最大的优点是增强了代码的复用性和可读性，还降低了代码后期的维护难度。Python 本身不仅提供了大量可直接调用的内置函数，还可以灵活地创建自定义函数。

2.5.1 函数的定义

Python 使用 def 关键字来定义函数，其语法格式如下：

```
def 函数名(参数列表)：
    函数体
    return 返回值列表
```

关于函数定义的说明如下。

- 函数代码块以 def 关键字开头，后接函数名和圆括号 "()"。
- 函数名可以是任何有效的 Python 标识符。
- 任何传入参数和自变量必须放在圆括号内，圆括号之间可以用于定义参数。
- 当传递多个参数时各参数之间用逗号 "," 分隔，没有参数时也要保留圆括号。
- 函数内容以冒号 ":" 起始，并且缩进。
- 函数体是函数每次被调用时执行的代码，由一行或多行语句组成。
- 如果需要返回值，则使用 return 和返回值列表来结束函数。
- 如果不需要返回值，则使用不带表达式的 return 返回 None。

（1）编写一个自定义函数，用于求整数 n 的阶乘。

```
In [1]: def fact(n):
            s=1
            for i in range(1,n+1):
                s*=i
            return s
        num=eval(input('请输入任意数字: '))
        print(num,"的阶乘是: ",fact(abs(int(num))))
Out[1]: 请输入任意数字: 6
```

```
        6 的阶乘是： 720
```

（2）使用可变参数定义求和函数，计算 n 个任意数之和。

```
In [2]: def f_sum(*n):
            s=0
            for i in n:
                s+=i
            return s
        print("这几个数的和为： ",f_sum(1,2,3))
Out[2]: 这几个数的和为： 6
```

2.5.2　匿名函数

Lambda 是一种简便的、在同一行中定义函数的方法，函数体比 def 定义的函数简单很多。如果函数的形式比较简单且只需要作为参数传递给其他函数，则可以使用 Lambda 表达式直接定义匿名函数。匿名函数主要应用于需要函数对象作为参数、函数比较简单且仅用一次的场合。Lambda 拥有自己的命名空间，而且不能访问自有参数列表之外或全局命名空间中的参数。

（1）求任意两数差值。

```
In [3]: f=lambda x,y:abs(x-y)
        print("方法一求两数差： ",f(10,12))
        print("方法二求两数差： ",(lambda x,y:abs(x-y))(10,12))
Out[3]: 方法一求两数差： 2
        方法二求两数差： 2
```

（2）返回列表元素为奇数的新列表。

```
In [4]: rs = filter(lambda x: x%2==1, range(10))
        print("filter函数输出结果： ",list(rs))
        rs = [x for x in range(10) if x%2==1]   #列表推导式代替filter()函数
        print("列表推导式输出结果： ",rs)
Out[4]: filter函数输出结果： [1, 3, 5, 7, 9]
        列表推导式输出结果： [1, 3, 5, 7, 9]
```

（3）计算序列元素的二次方，且返回的值为列表。

```
In [5]: rs = map(lambda x: x**2, range(1,5))
        print("map()函数输出结果： ",list(rs))
        rs = [x**2 for x in range(1,5)]            #列表推导式代替map()函数
        print("列表推导式输出结果： ",rs)
Out[5]: map()函数输出结果： [1, 4, 9, 16]
        列表推导式输出结果： [1, 4, 9, 16]
```

本章小结

本章主要介绍了 Python 语言编程基础。首先简要介绍了 Python 语言的基本语法规则、基本数据类型和数据格式化操作方法；其次概括性介绍了 Python 的组合数据类型，包括对

列表、元组、字典和集合等数据类型的实例解析；最后重点介绍了 Python 的 4 种推导式使用方法，以及如何构建自定义函数和匿名函数 Lambda 的方法。

本章习题

一、单选题

1. 下列不是 Python 内置数据类型的是（　　）。

A. int　　　　　　　　B. list　　　　　　　　C. char　　　　　　D. float

2. 下列能根据逗号分隔字符串的是（　　）。

A. s.strip()　　　　　　B. s.replace()　　　　　C. s.center()　　　D. s.split()

3. 给整型变量 x、y 均赋初始值为 2，下列 Python 赋值语句正确的是（　　）。

A. xy=2　　　　　　　　B. x,y=2　　　　　　　C. x=2,y=2　　　D. x=2;y=2

4. 下列用于定义函数关键字的是（　　）。

A. def　　　　　　　　B. return　　　　　　　C. del　　　　　　D. hello

二、判断题

1. 列表是不可变对象，支持在原处修改。　　　　　　　　　　　　　　（　　）

2. 元组是不可变对象，支持在原处修改。　　　　　　　　　　　　　　（　　）

3. 一个列表中可以包含多种数据类型的元素。　　　　　　　　　　　　（　　）

4. 列表推导式在逻辑上等价于一个循环语句，只是形式上更加简洁。　　（　　）

5. Lambda 能访问自有参数列表之外或全局命名空间中的参数。　　　　（　　）

三、简答题

1. 简述 Python 编程的基本语法。

2. 简述 Python 列表与元组的相同之处和不同之处。

四、操作题

1. 编写程序，首先实现用户输入几个用英文逗号分隔的数字，然后计算这些数字的和。例如，输入数字格式为 "11,3.56,6.9,18"。

2. 恺撒密码是古罗马恺撒大帝用于对军事情报进行加密的算法。它采用了替换方法对信息中的每一个英文字符循环替换为字母表序列该字符后面第三个字符，即循环左移 3 位，对应关系如下。

原文：A B C D E F G H I J K L M N O P Q R S T U V W X Y Z

密文：D E F G H I J K L M N O P Q R S T U V W X Y Z A B C

编写程序，输入使用恺撒密码加密后的字符串 "Khoor Zruog"，找出明文是什么。

3. 使用自定义函数方法编写程序，实现斐波那契数列的前 10 项。已知该数列的第一项、第二项均为 1，从第三项开始，每一项都是前两项之和。

第 **3** 章

NumPy 和 Pandas 的基础知识

📖 学习目标

- 掌握使用 NumPy 创建多维数组及数据类型转换。
- 掌握随机数生成方法和数组变换。
- 掌握 NumPy 数组切片和运算方法。
- 了解 Pandas 数据结构。
- 掌握 Series 和 DataFrame 的语法格式及其基本操作。
- 掌握 DataFrame 的合并、拼接和组合。
- 掌握使用分组与聚合进行组内计算。

　　NumPy（Numerical Python）是 Python 语言的一种开源的数值计算扩展程序库，支持大量的维度数组与矩阵运算，此外也针对数组运算提供了大量的数学函数库。NumPy 的前身是 Numeric，在 2005 年与另一个同性质的程序库 Numarray 相结合并加入了其他扩展而开发。NumPy 通常与 SciPy 和 Matplotlib 组合使用，这种组合提供了与 MATLAB 相似的功能与操作方式。因为两者皆为解释型语言，并且都可以让用户在针对数组或矩阵运算时提供比标量运算更快的性能。需要注意的是，标题为 0 维的数据是低维数据类型。

　　Pandas 是 Python 的一个数据分析包，是基于 NumPy 的一种工具。该工具是为解决数据分析任务而创建的。Pandas 最初是被作为金融数据分析工具而开发出来，因此，Pandas 为时间序列分析提供了很好的支持。Pandas 的名称来源于面板数据（Panel Data）和 Python 数据分析（Data Analysis）。Panel Data 是经济学中关于多维数据集的一个术语。Pandas 也提供了 Panel 的数据类型。

　　Pandas 纳入了大量库和一些标准的数据模型，既提供了高效地操作大型数据集所需的工具，又提供了大量能使用户快速且便捷地处理数据的函数和方法。因此，Pandas 是使

Python 成为强大而高效的数据分析环境的重要因素之一。

无论是对于 NumPy 还是 Pandas 模块，如果用户已安装了 Anaconda 工具软件，则相当于安装了 Anaconda 版本对应的模块，可直接导入模块并使用。

扫一扫
看微课

3.1　NumPy 数值计算基础

标准的 Python 用列表保存值，可以当作数组使用，由于列表中的元素可以是任何对象，浪费了不少宝贵的计算资源与时间。NumPy 的出现弥补了这方面的不足，提供了 ndarray 和 ufunc 两种基本对象。其中，ndarray 是多维数组，用于存储单一数据类型；而 ufunc 则是一种能对数组进行处理的函数。本节主要介绍 ndarray 多维数组的使用。

3.1.1　NumPy 多维数组

NumPy 的数据结构是 n 维的数组对象，称为 ndarray。用户可以使用 NumPy 库中的 array 函数来创建 ndarray 数组。ndarray 是一个通用的同构数据容器，要求容器内的元素必须为同种数据类型，如数字类型或字符串类型。此外，NumPy 还能将多种数据类型转换为 ndarray 数组。

（1）加载 NumPy 模块。

导入的语法格式如下：

```
In [1]: import numpy
```

或者

```
In [1]: import numpy as np
```

其中，as np 表示为 NumPy 模块重新起个别名，方便对后续该模块调用的书写。

（2）使用 array()函数创建数组对象。

```
In [2]: data1=[1,2,3,4,5]
        array1=np.array(data1)
        print("将列表转换为ndarray数组: ", array1)
        data2=(1,2,3,4,5)
        array2=np.array(data2)
        print("将元组转换为ndarray数组: ", array2)
        data3=[[1,2,3],[3,4,5]]
        array3=np.array(data3)
        print("将多维数组转换为ndarray数组: \n", array3)
Out[2]: 将列表转换为ndarray数组:  [1 2 3 4 5]
        将元组转换为ndarray数组:  [1 2 3 4 5]
        将多维数组转换为ndarray数组:
        [[1 2 3]
        [3 4 5]]
```

（3）使用 dtype 指定和查询数据类型。

在创建数组时，NumPy 会为新建的数组推断出一个合适的数据类型，并保存在 dtype

中，当序列中有整数和浮点数时，NumPy 会把数组的 dtype 定义为浮点数类型。

```
In [3]: array4=np.array([1,2,3,4,5],dtype='float')  #指定数据类型为浮点数
        print("array4=", array4)
        print("查看array4的数据类型: ", array4.dtype)
        print("array1=", array1)
        print("查看array1的数据类型: ", array1.dtype)
Out[3]: array4= [1. 2. 3. 4. 5.]
        查看array4的数据类型:  float64
        array1= [1 2 3 4 5]
        查看array1的数据类型:  int32
```

（4）使用 astype()函数转换数据类型。

NumPy 包含的数据类型比较丰富，当需要转换数据类型时，可以使用 astype()函数。

```
In [4]: arr=array1.astype('str')  #转换为字符串类型
        print(arr)
        print(arr.dtype)
Out[4]: ['1' '2' '3' '4' '5']
        <U11
```

其中，"<U11"表示长度小于 11 的字符串。

（5）使用 arange()函数创建数组。

NumPy 中 arange()函数的用法类似于 Python 中内置 range()函数的用法。

```
In [5]: array5=np.arange(5)
        array5
Out[5]: array([0, 1, 2, 3, 4])
```

arange()函数还可以用于指定起始值、终止值及步长。

```
In [6]: array6=np.arange(0,5,0.5)
        array6
Out[6]: array([0. , 0.5, 1. , 1.5, 2. , 2.5, 3. , 3.5, 4. , 4.5])
```

当 arange 参数为浮点数类型时，由于精度有限，通常使用 linspace()函数来创建数组。linspace()函数通过指定起始值、终止值及元素个数来创建一维数组。

```
In [7]: array7=np.linspace(0,5,10)  #在0和5之间生成10个等间距点的行向量
        array7
Out[7]: array([0.        , 0.55555556, 1.11111111, 1.66666667, 2.22222222,
               2.77777778, 3.33333333, 3.88888889, 4.44444444, 5.        ])
```

（6）使用函数创建全 0 或全 1 数组。

```
In [8]: array_0=np.zeros([2,3])  #创建全0数组
        print(array_0)
        array_1=np.ones([2,3])    #创建全1数组
        print(array_1)
Out[8]: [[0. 0. 0.]
         [0. 0. 0.]]
        [[1. 1. 1.]
         [1. 1. 1.]]
```

（7）查看数组的属性。

```
In [9]: print("array_0数组元素个数: ",array_0.size)
        print("array_0数组的维度数: ",array_0.ndim)
        print("array_0数组的形状: ",array_0.shape)
        print("array_0数组的类型: ",array_0.dtype)
Out[9]: array_0数组元素个数: 6
        array_0数组的维度数: 2
        array_0数组的形状: (2, 3)
        array_0数组的类型: float64
```

（8）使用 reshape()函数修改数组形状。

```
In [10]: array8=np.arange(12)
         print(array8)
         array8_1=array8.reshape(3,4)     #将数组转换为3行4列
         print(array8_1)
         array8_2=array8.reshape(4,-1)    #将数组转换为4行3列
         print(array8_2)
Out[10]: [ 0  1  2  3  4  5  6  7  8  9 10 11]
         [[ 0  1  2  3]
          [ 4  5  6  7]
          [ 8  9 10 11]]
         [[ 0  1  2]
          [ 3  4  5]
          [ 6  7  8]
          [ 9 10 11]]
```

其中，reshape 参数中的-1 表示数组的维度，此时 reshape()函数会根据数组形状自动选取合适的数值。

3.1.2 NumPy 数组切片和运算

NumPy 的数组运算支持向量化运算，其运算速度近似达到 C 语言运算级别。当我们需要进行数据分析时，可使用 NumPy 模块对数组进行索引和切片，选取符合条件的数组元素用于数据分析，这样可以大幅提高程序的运算速度。

（1）数组切片及复制。

```
In [11]: array8_3=array8[1:5]
         print("数组切片: ",array8_3)
         print("数组切片后的id值: ",id(array8_3))
         array8_c=array8_3.copy()
         print("切片复制: ",array8_c)
         print("切片复制后的id值: ",id(array8_c))
Out[11]: 数组切片: [1 2 3 4]
         数组切片后的id值: 1478314456048
         切片复制: [1 2 3 4]
         切片复制后的id值: 1478314458160
```

从运行结果可以看出，使用复制方法复制出来的数组 id 值和数组切片的原 id 值是不同的，这也说明这两个数组没有共享内存空间，对数组操作互不影响。

（2）数组的运算。

数组的计算非常方便，不需要通过大量循环就可以完成批量计算。例如，相同维度的数组运算可直接应用到元素中。

```
In [12]: array9=np.arange(10)
         array9+10
Out[12]: array([10, 11, 12, 13, 14, 15, 16, 17, 18, 19])
In [13]: array9*3
Out[13]: array([ 0,  3,  6,  9, 12, 15, 18, 21, 24, 27])
In [14]: array9[:5]+array9[5:]
Out[14]: array([ 5,  7,  9, 11, 13])
In [15]: array9[:5]*array9[5:]
Out[15]: array([ 0,  6, 14, 24, 36])
```

（3）矩阵转置。

```
In [16]: array10=np.array([[1,2,3],[4,5,6],[7,8,9]])
         print(array10)
         print(array10.T)          #对矩阵array10进行转置
Out[16]: [[1 2 3]
          [4 5 6]
          [7 8 9]]
         [[1 4 7]
          [2 5 8]
          [3 6 9]]
```

（4）使用 sort()函数对数组进行排序。

```
In [17]: np.random.seed(23)                          #设置随机种子
         array11=np.random.randint(1,10,size=10)     #生成随机整型数的数组
         print("创建的数组: ",array11)
         array11.sort()                              #对数组进行排序
         print("重排后的数组: ",array11)
Out[17]: 创建的数组:  [4 7 9 7 9 8 4 7 2 3]
         重排后的数组:  [2 3 4 4 7 7 7 8 9 9]
```

（5）使用 unique()函数对数据去重。

```
In [18]: array11_u=np.unique(array11)
         print("去重后的数组: ",array11_u)
         array11_c=np.unique(array11,return_counts=True)
         print("重复出现的次数: ",array11_c)
Out[18]: 去重后的数组:  [2 3 4 7 8 9]
         重复出现的次数:  (array([2, 3, 4, 7, 8, 9]), array([1, 1, 2, 3, 1, 2],
dtype=int64))
```

以上简要介绍了 NumPy 常用的基本操作及常用函数。此外，NumPy 还包括 ufunc()函数、条件函数、统计函数等，其功能强大，具体的使用方法用户可以查阅相关文档。

3.2 Pandas 统计分析基础

统计分析是数据分析的重要组成部分，贯穿了整个数据分析的大部分环节。Pandas 是基于 NumPy 的数据分析模块，提供了大量标准数据模型和高效操作大型数据集所需的工具，可以对各种数据进行运算操作，如归并、再成形、选择，还具有数据清洗和数据加工特征，被广泛应用于学术、金融、统计学等各个数据分析领域中。

扫一扫
看微课

3.2.1 Pandas 的数据结构

数据结构是指相互之间存在的一种或多种特定关系的数据类型的集合。Pandas 有 3 种数据结构：Series（系列）、DataFrame（数据框）和 MultiIndex（旧版本为 Panel）。其中，Series 是一维数据结构，DataFrame 是二维表格型数据结构，MultiIndex 是三维数据结构。

1. Pandas 模块的加载

导入的语法格式如下：

```
In [1]: import pandas
```

或者

```
In [1]: import pandas as pd
```

其中，as pd 表示为 Pandas 模块重新起个别名，方便对后续该模块调用的书写。

2. Pandas 描述性统计

描述统计学（Descriptive Statistics）是一门统计学领域的学科，主要研究如何取得反映客观现象的数据，并以图表形式对所搜集的数据进行处理和显示，最终对数据的规律、特征做出综合性的描述分析。Pandas 库正是对描述统计学知识完美应用的体现，Pandas 库中常用的统计学函数及其说明如表 3-1 所示。

表 3-1　Pandas 库中常用的统计学函数及其说明

函数	说明
count()	统计非空值数量
sum()	求和
mean()	求均值
median()	求中位数
mode()	求众数
std()	求标准差
min()	求最小值
max()	求最大值
abs()	求绝对值
prod()	求数组元素的乘积
cumsum()	累计总和，当 axis=0 时，按照行累加；当 axis=1 时，按照列累加

续表

函数名	说明
cumprod()	累计乘积，当 axis=0 时，按照行累积；当 axis=1 时，按照列累积
corr()	计算数列或变量之间的相关系数，取值范围为-1～1，值越大关联性越强。
describe()	函数显示与 DataFrame 数据列相关的统计摘要信息

Pandas 库在计算各种描述性统计量时，是没有考虑 NaN 值的。

3. 指定轴（axis）参数

在 DataFrame 中，使用聚合类方法时需要指定轴参数。下面介绍两种传参方式，如图 3-1 所示。

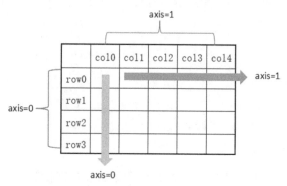

图 3-1　DataFrame 中轴的取向

对行操作，默认使用 axis=0 或使用 index。

对列操作，默认使用 axis=1 或使用 columns。

3.2.2　Series 的语法格式及其基本操作

Series 是一个类似于一维数组的数据结构，能够保存任何类型的数据，如整数、字符串、浮点数等，主要由一行或一列数据和与之相关的索引两部分构成。Series 还具有数组和字典的功能，因此，也支持一些字典的方法，其语法格式如下：

```
pandas.Series(data, index, dtype, name, copy)
```

- data：一组数据，一般是 list 和 ndarray 等类型。
- index：数据索引标签，唯一的，且与数据的长度相等。如果不指定，默认从 0 开始自动创建整数索引。
- dtype：数据类型，默认为自己判断。
- name：设置名称，默认为空。
- copy：复制数据，默认值为 False。

1. 通过列表创建 Series

示例代码如下。

```
In [2]: list_=[1,-2,3.9]
        series=pd.Series(list_)
        series
Out[2]: 0    1.0
        1   -2.0
        2    3.9
        dtype: float64
```

2. 通过列表创建 Series 并指定索引

示例代码如下。

```
In [3]: list_=[1,-2,3.9,4,0]
        series=pd.Series(list_,index=['a','b','c','d','e'],name="一维数组")
        series
Out[3]: a    1.0
        b   -2.0
        c    3.9
        d    4.0
        e    0.0
        Name: 一维数组, dtype: float64
```

3. Series 索引的读取

读取 Series 中的某条数据有两种方法：位置索引和指定标签。

```
In [4]: print("读取索引位置为1的值: ", series.iloc[1])
        print("读取指定标签为b的值: ", series.loc['b'])
Out[4]: 读取索引位置为1的值:  -2
        读取指定标签为b的值:  -2
```

4. Series 索引的修改及重排。

（1）修改 Series 索引。

```
In [5]: series.index=[1,2,3,4,5]
        series
Out[5]: 1    1.0
        2   -2.0
        3    3.9
        4    4.0
        5    0.0
        Name: 一维数组, dtype: float64
```

（2）重排索引，缺失值用 NaN（Not a Number，非数字）填充。

```
In [6]: series.reindex([4,5,6,1,2,3])
Out[6]: 4    4.0
        5    0.0
        6    NaN
        1    1.0
        2   -2.0
        3    3.9
```

44

```
        Name: 一维数组, dtype: float64
```
（3）重排索引，缺失值用 0 填补。
```
In [7]: series.reindex([1,2,3,4,5,6]).fillna(0)
        # 或者使用如下方法填充NaN值
        # series.reindex([1,2,3,4,5,6],fill_value=0)
Out[7]: 1    1.0
        2   -2.0
        3    3.9
        4    4.0
        5    0.0
        6    0.0
        Name: 一维数组, dtype: float64
```
reindex()函数的常用参数及其说明如表 3-2 所示。

表 3-2　reindex()函数的常用参数及其说明

参数	说明
index	构建索引新序列
method	插值（填充）方式。当 method='ffill'或'pad'时，表示前向值填充；当 method='bfill'或'backfill'时，表示后向值填充
fill_value	替换缺失值
limit	最大填充量
level	在 Multiindex 的指定级别上匹配简单索引，否则选取其子集
copy	默认值为 True，无论如何都复制；如果值为 False，则新旧相等时不会进行复制

5. 对 Series 索引进行排序

（1）对索引排序，默认为升序。此处将索引按降序进行排列。
```
In [8]: series.sort_index(ascending=False)
Out[8]: 5    0.0
        4    4.0
        3    3.9
        2   -2.0
        1    1.0
        Name: 一维数组, dtype: float64
```
（2）索引按值大小进行排序。
```
In [9]: series.sort_values()
Out[9]: 2   -2.0
        5    0.0
        1    1.0
        3    3.9
        4    4.0
        Name: 一维数组, dtype: float64
```
6. 使用字典创建 Series

如果使用字典创建 Series，则创建 Series 后的索引就是字典的键。在读取 Series 中的某条数据时，位置索引和标签方法同样适用。

```
In [10]: d={1:"Hello", 2:"World", 3:"Python3"}
         series=pd.Series(d)
         print(series)
Out[10]: 1    Hello
         2    World
         3    Python3
         dtype: object
```

7. 键值和指定的索引不匹配

如果字典中的键值和指定的索引不匹配，则对应的值会标上 NaN。

```
In [11]: d = {1: "Hello", 2: "World", 3: "Python3"}
         list_=np.arange(5)
         series = pd.Series(d,index=list_)
         print(series)
Out[11]: 0    NaN
         1    Hello
         2    World
         3    Python3
         4    NaN
         dtype: object
```

8. 对 Series 进行增/删/改操作

（1）当 Series 新增内容时，需要先将新增元素转换为 Series 格式后再进行添加，如果同有指定索引值，则自动从 0 开始编号。

```
In [12]: series=series.append(pd.Series(["Add","Ser"],index=[5,6]))
         series
Out[12]: 0    NaN
         1    Hello
         2    World
         3    Python3
         4    NaN
         5    Add
         6    Ser
         dtype: object
```

（2）当 Series 需要删除某条索引记录时，可以使用 drop()函数直接删除对应的索引。例如，删除索引值为 0 和 4 的 NaN 记录。

```
In [13]: series=series.drop([0,4])
         # 或者使用dropna()过滤NaN值
         # series=series.dropna()
         # 或者使用notnull()函数选取非空值，也可过滤NaN值
         # series=series[series.notnull()]
         series
Out[13]: 1    Hello
```

```
         2      World
         3      Python3
         5        Add
         6        Ser
         dtype: object
```

（3）对 Series 的值进行修改操作。例如，将索引为 3 的值修改为 "Py3"。

```
In [14]: series[3]="Py3"
         series
Out[14]: 1       Hello
         2       World
         3         Py3
         5         Add
         6         Ser
         dtype: object
```

3.2.3　DataFrame 的语法格式及其基本操作

扫一扫
看微课

DataFrame（数据框）是一个类似于二维数组或 Excel 二维表格
的数据结构，用于存储多行和多列的数据集合，是 Series 的容器。构建 DataFrame 的方式
有很多，最常用的是直接传入一个由等长列表或 NumPy 数组组成的字典来形成 DataFrame，
其语法格式如下：

```
pandas.DataFrame(data, index, columns, dtype, copy)
```

- data：一组数据（ndarray、Series、lists、dictionary 等类型）。
- index：行索引（行标签），表示不同行，横向索引，0 轴，axis=0。与创建 Series 索
  引的方法相同。
- columns：列索引（列标签），表示不同列，纵向索引，1 轴，axis=1。如果没有传入
  索引参数，则默认从 0 开始自动创建整数列索引。
- dtype：数据类型，默认会自己判断。
- copy：复制数据，默认值为 False。

1. 创建 DataFrame

（1）使用列表创建 DataFrame。

```
df=pd.DataFrame([['Tom',18],['Ross',20],['Jack',21]],columns=['name','age'])
```

（2）使用 ndarrays 创建 DataFrame。

```
df=pd.DataFrame({'name':['Tom','Ross','Jack'],'age':[18,20,21]})
```

（3）使用字典创建 DataFrame。

```
In [15]: df=pd.DataFrame([{'name':'Tom','age':18},{'name':'Ross','age':20},
         {'name':'Jack','age':21}])
         df
```

Out[15]:

	name	age
0	Tom	18
1	Ross	20
2	Jack	21

从运行结果可以看出，通过上述 3 种方法创建的 DataFrame 是一样的。

2. 查看 DataFrame 的常用属性

示例代码如下。

```
In [16]: print("df数据框的值：\n",df.values)
         print("df数据框的列：",df.columns)
         print("df数据框的元素个数：",df.size)
         print("df数据框的数据形状：",df.shape)
         print("df数据框的维度：",df.ndim)
Out[16]: df数据框的值：
         [['Tom' 18]
         ['Ross' 20]
         ['Jack' 21]]
         df数据框的列： Index(['name', 'age'], dtype='object')
         df数据框的元素个数： 6
         df数据框的数据形状： (3, 2)
         df数据框的维度： 2
```

3. DataFrame 列数据的查询

在进行数据分析时，经常会对所需的数据进行选取。我们可以通过索引方法完成对数据选取的基本操作。

（1）新建一个 DataFrame，命名为 df2。

```
In [17]: data={"name":["王一","刘二","张三","李四"],
              "gender":["男","女","男","男"],
              "city":["广州","汕尾","深圳","珠海"],
              "scores":[78.5,89.5,93,69],
              "rank":[3,2,1,4]}
         df2=pd.DataFrame(data)
         df2
Out[17]:
```

	name	gender	city	scores	rank
0	王一	男	广州	78.5	3
1	刘二	女	汕尾	89.5	2
2	张三	男	深圳	93.0	1
3	李四	男	珠海	69.0	4

（2）选取指定的列数据代码。

```
In [18]: df2[["name","scores"]]
Out[18]:
```

	name	scores
0	王一	78.5
1	刘二	89.5
2	张三	93.0
3	李四	69.0

（3）选取非整数类型的列。

```
In [19]: df2.select_dtypes(exclude='int')
```

0

Out[19]:

	name	gender	city	scores
0	王一	男	广州	78.5
1	刘二	女	汕尾	89.5
2	张三	男	深圳	93.0
3	李四	男	珠海	69.0

（4）选取字符类型和整数类型的列。

```
In [20]: df2.select_dtypes(include=['object','int'])
```
Out[20]:

	name	gender	city	rank
0	王一	男	广州	3
1	刘二	女	汕尾	2
2	张三	男	深圳	1
3	李四	男	珠海	4

4．DataFrame 行数据的查询

（1）显示索引为 1 的行记录。

```
In [21]: df2[1:2]     #不能写成df2[1]
```
Out[21]:

	name	gender	city	scores	rank
1	刘二	女	汕尾	89.5	2

除了通过切片方法获取行记录，还可以通过如下常用函数显示行记录。

- head()函数：默认获取前 5 行记录。
- head(n)函数：获取前 n 行记录。
- tail()函数：默认获取后 5 行记录。
- tail(n)函数：获取后 n 行记录。
- sample(n)函数：随机抽取 n 行记录。
- sample(frac=0.5)函数：随机抽取 50%的行记录。

通过上述几个函数在选取行列时仍有一定的局限性。因此，Pandas 还提供了另外一种获取行和列的方法，即 loc()函数和 iloc()函数，其语法格式如下：

```
DataFrame.loc(行索引名称或条件，列索引名称)
DataFrame.iloc(行索引位置，列索引位置)
```

（2）使用 loc()函数选取指定的列数据。

```
In [22]: df2.loc[:,["name","scores"]]
```
Out[22]:

	name	scores
0	王一	78.0
1	刘二	89.5
2	张三	93.0
3	李四	69.0

（3）使用 loc()函数选取分数大于或等于 85 分以上的 name、city 和 scores 三列。

```
In [23]: df2.loc[df2["scores"]>=85,["name","city","scores"]]
```
Out[23]:

	name	city	scores
1	刘二	汕尾	89.5
2	张三	深圳	93.0

（4）使用 loc()函数和 isin()函数查看性别为女的所有记录。

```
In [24]: df2.loc[df2["gender"].isin(["女"])]
Out[24]:
```

	name	gender	city	scores	rank
1	刘二	女	汕尾	89.5	2

5. DataFrame 行/列数据的查询

（1）获取所有行和列索引为 2 的数据。

```
In [25]: df2.iloc[:,2:3]
Out[25]:
```

	city
0	广州
1	汕尾
2	深圳
3	珠海

（2）获取行索引为 1 和 3 的所有列数据。

```
In [26]: df2.iloc[[1,3]]
Out[26]:
```

	name	gender	city	scores	rank
1	刘二	女	汕尾	89.5	2
3	李四	男	珠海	69.0	4

（3）获取行索引为 1 和 3，列索引为 1 和 2 的数据。

```
In [27]: df2.iloc[[1,3],[1,2]]
Out[27]:
```

	gender	city
1	女	汕尾
3	男	珠海

（4）使用 query()函数查询满足条件的行列数据。

```
In [28]: df2.query("scores>=60 & scores<85")
```

或者

```
df2[(df2.scores>=60) & (df2.scores<85)]
Out[28]:
```

	name	gender	city	scores	rank
0	王一	男	广州	78.0	3
3	李四	男	珠海	69.0	4

6. 新增 DataFrame 行/列数据

（1）新增一行数据。

```
In [29]: dict1={'name':'钱五','gender':'女','city':'深圳','scores':'66',
         'rank':'5'}
         df2.append(dict1,ignore_index=True) #ignore_index=True忽略原索引
Out[29]:
```

	name	gender	city	scores	rank
0	王一	男	广州	78.0	3
1	刘二	女	汕尾	89.5	2
2	张三	男	深圳	93.0	1
3	李四	男	珠海	69.0	4
4	钱五	女	深圳	66	5

（2）当新增一列数据时，只需为新列赋值即可；如果想要指定新增列的位置，如在列索引为 2 处插入新列，则可以使用 insert() 函数实现。

```
In [30]: df2['year']=[2005,2006,2005,2007]
         df2.insert(2,'Major',['软件技术','云计算','人工智能','大数据'])
         df2
Out[30]:
```

	name	gender	Major	city	scores	rank	year
0	王一	男	软件技术	广州	78.0	3	2005
1	刘二	女	云计算	汕尾	89.5	2	2006
2	张三	男	人工智能	深圳	93.0	1	2005
3	李四	男	大数据	珠海	69.0	4	2007

7. 删除 DataFrame 行/列数据

使用 DataFrame 中的 drop() 函数删除数据集中多余或无用的数据，其语法格式如下：

```
DataFrame.drop(labels=None, axis=0, index=None, columns=None, inplace=False)
```

- labels：待删除的行名或列名。
- axis：删除时所参考的轴，0 为行，1 为列。
- index：待删除的行名。
- columns：待删除的列名。
- inplace：默认为 False，不修改源数据集。如果值为 True，则修改源数据集。

（1）使用 drop() 函数删除行索引为 0 的记录。

```
In [31]: df2.drop(labels=0)   #labels参数名常省略不写，以下相同
Out[31]:
```

	name	gender	Major	city	scores	rank	year
1	刘二	女	云计算	汕尾	89.5	2	2006
2	张三	男	人工智能	深圳	93.0	1	2005
3	李四	男	大数据	珠海	69.0	4	2007

（2）使用 drop() 函数删除行索引为 1 和 3 的记录。

```
In [32]: df2.drop(index=[1,3])
Out[32]:
```

	name	gender	Major	city	scores	rank	year
0	王一	男	软件技术	广州	78.0	3	2005
2	张三	男	人工智能	深圳	93.0	1	2005

（3）使用 drop() 函数删除行索引为 1～3 的记录。

```
In [33]: df2.drop(index=range(1,4))
Out[33]:
```

	name	gender	Major	city	scores	rank	year
0	王一	男	软件技术	广州	78.0	3	2005

使用 drop() 函数删除列的操作方法与删除行的操作方法类似，不同之处就是要增加参考轴 axis=1。

（4）删除单列，如 gender 列。

```
In [34]: df2.drop(labels='gender',axis=1)
```

Out[34]:

	name	Major	city	scores	rank	year
0	王一	软件技术	广州	78.0	3	2005
1	刘二	云计算	汕尾	89.5	2	2006
2	张三	人工智能	深圳	93.0	1	2005
3	李四	大数据	珠海	69.0	4	2007

（5）删除不连续的列，如 name 列和 rank 列。

```
In [35]: df2.drop(columns=[ 'name','rank'],axis=1)
```
Out[35]:

	gender	Major	city	scores	year
0	男	软件技术	广州	78.0	2005
1	女	云计算	汕尾	89.5	2006
2	男	人工智能	深圳	93.0	2005
3	男	大数据	珠海	69.0	2007

（6）删除连续多列，如列索引从 1～3 的数据。

```
In [36]: df2.drop(columns=df2.columns[1:4],axis=1)
```
Out[36]:

	name	scores	rank	year
0	王一	78.0	3	2005
1	刘二	89.5	2	2006
2	张三	93.0	1	2005
3	李四	69.0	4	2007

8. 修改列名

将列名"Major"修改为"major"。

```
In [37]: df2.rename(columns={'Major':'major'},inplace=True)
         df2
```
Out[37]:

	name	gender	major	city	scores	rank	year
0	王一	男	软件技术	广州	78.0	3	2005
1	刘二	女	云计算	汕尾	89.5	2	2006
2	张三	男	人工智能	深圳	93.0	1	2005
3	李四	男	大数据	珠海	69.0	4	2007

扫一扫
看微课

3.2.4 DataFrame 的合并、拼接和组合

Pandas 包中的 append()、merge()、join()、concat()、combine_first()等函数用于完成对 Series 或 DataFrame 数据的合并、拼接和组合。append()函数用于对数据框进行简单合并。merge()函数用于实现相同列合并。join()函数用于根据索引进行合并。concat()函数用于对行拼接或列拼接。combine_first()函数用于组合对象，并对齐数据。

1. DataFrame 数据的合并

（1）使用 append()函数实现数据的合并。数据只是简单"叠加"成新的 DataFrame，不修改索引。

```
In [38]: df1=pd.DataFrame({'name':['Tom','Ross'],'age':[18,20]})
         df2=pd.DataFrame({'name':['Ross','Jack'],'age':[20,21]})
```

```
        print(df1)
        print(df2)
        df1.append(df2)
Out[38]:    name   age
        0   Tom    18
        1   Ross   20
            name   age
        0   Ross   20
        1   Jack   21
```

	name	age
0	Tom	18
1	Ross	20
0	Ross	20
1	Jack	21

（2）如果需要新合并的 DataFrame 产生新的索引，则可以添加参数 ignore_index=True，忽略原索引。

```
In [39]: df1.append(df2,ignore_index=True)
Out[39]:
```

	name	age
0	Tom	18
1	Ross	20
2	Ross	20
3	Jack	21

（3）使用 merge()函数把两个 DataFrame 对象中具有相同列的行进行合并，合并后只显示具有相同的记录。如果 DataFrame 没有相同的记录，则显示只有字段名的空数据框。

```
In [40]: pd.merge(df1,df2)
Out[40]:
```

	name	age
0	Ross	20

（4）使用 join()函数根据索引将两个 DataFrame 进行合并。

```
In [41]: df3=pd.DataFrame({'Name':['Ross','Jack','John'],'Age':[20,21,22]})
        print(df3)
        df1.join(df3)
Out[41]:    Name   Age
        0   Ross   20
        1   Jack   21
        2   John   22
```

	name	age	Name	Age
0	Tom	18	Ross	20
1	Ross	20	Jack	21

2．DataFrame 数据的拼接

（1）使用 concat()函数将两个具有相同列名但不同数据的 DataFrame 进行合并。

```
In [42]: arr1=np.random.rand(9).reshape(3,3)
        arr2=np.random.rand(9).reshape(3,3)
```

```
          df1=pd.DataFrame(arr1,index=[1,2,3],columns=list('ABC'))
          df2=pd.DataFrame(arr2,index=[11,12,13],columns=list('ABC'))
          print(df1)
          print(df2)
          pd.concat([df1,df2])
Out[42]:          A          B          C
          1   0.479437   0.362461   0.430098
          2   0.594981   0.654788   0.201090
          3   0.282422   0.096743   0.918129
                  A          B          C
          11  0.494998   0.346348   0.563509
          12  0.094951   0.336178   0.190665
          13  0.770046   0.842476   0.787531
```

	A	B	C
1	0.479437	0.362461	0.430098
2	0.594981	0.654788	0.201090
3	0.282422	0.096743	0.918129
11	0.494998	0.346348	0.563509
12	0.094951	0.336178	0.190665
13	0.770046	0.842476	0.787531

（2）与 append()函数一样，添加参数 ignore_index=True，可以在新合并的 DataFrame 产生新的索引。

```
In [43]: pd.concat([df1,df2],ignore_index=True)
Out[43]:
```

	A	B	C
0	0.479437	0.362461	0.430098
1	0.594981	0.654788	0.201090
2	0.282422	0.096743	0.918129
3	0.494998	0.346348	0.563509
4	0.094951	0.336178	0.190665
5	0.770046	0.842476	0.787531

或者，按指定顺序重新生成新的索引。

```
In [44]: df=pd.concat([df1,df2])
          df.index=range(1,len(df)+1)
          df
Out[44]:
```

	A	B	C
1	0.479437	0.362461	0.430098
2	0.594981	0.654788	0.201090
3	0.282422	0.096743	0.918129
4	0.494998	0.346348	0.563509
5	0.094951	0.336178	0.190665
6	0.770046	0.842476	0.787531

如果需要进行列拼接，则添加参数 axis=1 即可实现。如果拼接时有重复的列名和行名，则报错。

3. DataFrame 数据的组合

如果一个表的 NaN 值在另一个表相同位置（相同索引和相同列）可以找到，则可以通过 combine_first()函数来更新数据。

```
In [45]: df1 = pd.DataFrame([[np.nan, 3., 5.],
                             [-4.6, np.nan, 22],
                             [np.nan, 7, np.nan]])
         df2 = pd.DataFrame([[-42.6, -8.2, np.nan],
                             [-5., 1.6, 4]],
                             index=[1, 2])
         print(df1)
         print(df2)
         #若df1的数据缺失,则用df2的数据值填充df1的数据值
         df1.combine_first(df2)
Out[45]:       0     1     2
         0   NaN   3.0   5.0
         1  -4.6   NaN  22.0
         2   NaN   7.0   NaN
               0     1     2
         1 -42.6  -8.2   NaN
         2  -5.0   1.6   4.0
```

	0	1	2
0	NaN	3.0	5.0
1	-4.6	-8.2	22.0
2	-5.0	7.0	4.0

如果要用一张表中的数据来更新另一张表中的数据，则可以用 update()函数来实现。

combine_first()函数和 update()函数的区别在于，combine_first()函数只能用于更新左表的 NaN 值，而 update()函数则能用于更新左表的所有能在右表中找到的值（两张表位置相对应）。

3.3　分组与聚合

数据的分组与聚合是关系型数据库中比较常见的术语。当使用数据库时，我们利用查询操作对各列或各行中的数据进行分组，可以针对其中的每一组数据进行各种不同的操作。Pandas 提供了一个灵活高效的 groupby()函数，配合 agg()函数或 apply()函数，能用于实现分组与聚合的操作。

扫一扫
看微课

3.3.1　数据分组

数据分组是指根据数据分析对象的特征，按照一定的数据指标，把数据划分为不同的类别或区间来进行研究，以揭示其内在的联系和规律性。

1. groupby()函数的基本用法

groupby()函数提供的是分组聚合步骤中的拆分功能，能根据索引或字段对数据进行分组，其语法格式如下：

```
DataFrame.groupby(by=None,axis=0,level=None,as_index=True,sort=True,group_keys=True,squeeze=False)
```

groupby()函数的参数及其说明如表 3-3 所示。

表 3-3　groupby()函数的参数及其说明

参数	说明
by	接收 list、string、mapping 或 generator，用于确定进行分组的依据。 by 参数的特别说明如下。 ①如果传入的是一个函数，则对索引进行计算并分组。 ②如果传入的是一个字典或 Series，则字典或 Series 的值作为分组依据。 ③如果传入的是一个 NumPy 数组，则数据的元素作为分组依据。 ④如果传入的是字符串或字符串列表，则使用这些字符串代表的字段作为分组依据
axis	接收 int，表示操作的轴向，默认对列进行操作，默认值为 0
level	接收 int 或索引名，代表标签所在级别，默认值为 None
as_index	接收 boolearn，表示聚合后的聚合标签是否以 DataFrame 索引形式输出，默认值为 True
sort	接收 boolearn，表示是否对分组依据、分组标签进行排序，默认值为 True
group_keys	接收 boolearn，表示是否显示分组标签的名称，默认值为 True
squeeze	接收 boolearn，表示是否在允许的情况下对返回数据进行降维，默认值为 False

（1）以学生成绩表为例，依据学生所在城市对数据进行分组。

```
In [1]: import pandas as pd
        data={"name":["王一","刘二","张三","李四","钱五","罗六"],
        "gender":["男","女","男","男","女","男"],
        "city":["广州","汕尾","深圳","汕尾","深圳","汕尾"],
        "age":[18,20,21,19,20,19],
        "scores":[78,89,93,69,85,80]}
        df=pd.DataFrame(data)
        df
Out[1]:
```

	name	gender	city	age	scores
0	王一	男	广州	18	78
1	刘二	女	汕尾	20	89
2	张三	男	深圳	21	93
3	李四	男	汕尾	19	69
4	钱五	女	深圳	20	85
5	罗六	男	汕尾	19	80

```
In [2]: group=df.groupby('city')
        group
Out[2]: <pandas.core.groupby.generic.DataFrameGroupBy object at 0x00000228
448CB4F0 >
```

DataFrame 经过 groupby 分组之后得到的返回值不是 DataFrame 类型，而是一个 groupby

对象，因此无法直接查看。结果存储在内存中，输出的只是内存地址。如果想要简单查看返回的结果，则可以使用 groups() 函数和 get_group() 函数实现。

（2）使用 groups 查看分组情况。

```
In [3]: group.groups
Out[3]: {'广州': [0], '汕尾': [1, 3, 5], '深圳': [2, 4]}
```

（3）使用 get_group() 函数查看某组内容（该方法一次只能查看一组数据）。

```
In [4]: group.get_group('汕尾')
Out[4]:
```

	name	gender	city	age	scores
1	刘二	女	汕尾	20	89
3	李四	男	汕尾	19	69
5	罗六	男	汕尾	19	80

2. cut() 函数的基本用法

pandas.cut() 函数用于将数据进行分类成不同的区间值，其语法格式如下：

```
pandas.cut(x, bins, right=True, labels=None, include_lowest=False)
```

- x：分组时输入的数组，必须为一维数组。
- bins：分类依据的标准，可以是 int、标量序列或间隔索引（Interval Index）。
- right：表示分组时 bins 区间的最右边是否闭合，默认值为 True。
- labels：要返回的标签，与 bins 的区间对应。
- include_lowest：第一个区间是否为左包含，默认值为 False，表示不包含；而 True 则表示包含。

我们以上述学生成绩表为例进行数据分析，如果需要对不同分数段的学生进行分析，则可以根据成绩所对应的分数段来划分区间。例如 bins=[0,60,85,100]，对应 label=["不合格","良好","优秀"]，划分完后就很容易获取不同分数段的学生数据。

```
In [5]: bins=[0,60,85,100]
        label=["不合格","良好","优秀"]
        df['等级']=pd.cut(df['scores'],bins,right=False,labels=label)
        df
Out[5]:
```

	name	gender	city	age	scores	等级
0	王一	男	广州	18	78	良好
1	刘二	女	汕尾	20	89	优秀
2	张三	男	深圳	21	93	优秀
3	李四	男	汕尾	19	69	良好
4	钱五	女	深圳	20	85	优秀
5	罗六	男	汕尾	19	80	良好

```
In [6]: df.groupby('等级').get_group('优秀')
Out[6]:
```

	name	gender	city	age	scores	等级
1	刘二	女	汕尾	20	89	优秀
2	张三	男	深圳	21	93	优秀
4	钱五	女	深圳	20	85	优秀

3.3.2 数据聚合

扫一扫
看微课

数据聚合就是对分组后的数据进行计算，产生标量值的数据转换过程。

我们可以调用 groupby 相关函数读取各分组的统计信息，如 count、size、mean 等，这些函数为查看每一组数据的整体情况、分布状态提供了良好的支持。groupby 常用的描述性统计函数及其说明如表 3-4 所示。

表 3-4　groupby 常用的描述性统计函数及其说明

函数	说明
count()	计算分组的数目，包括缺失值
head()	返回每组的前 n 个值
max()	返回每组最大值
mean()	返回每组的均值
median()	返回每组的中位数
cumcount()	对每个分组中的组员进行标记，0～n-1
size()	返回每组的大小或数量
min()	返回每组最小值
std()	标准差
var()	方差
sum()	求和
prod()	求积

需要注意的是，在聚合运算中空值不参与计算。

1. 聚合函数的基本使用方法

（1）统计学生成绩表中男生和女生的人数。

```
In [7]: df.groupby('gender').size()
Out[7]: gender
        女    2
        男    4
        dtype: int64
```

（2）以 city 为分组依据，统计学生成绩表中其他列的均值。

```
In [8]: df.groupby('city').mean()
Out[8]:
```

	age	scores
city		
广州	18.000000	78.000000
汕尾	19.333333	79.333333
深圳	20.500000	89.000000

（3）以 gender、city 为第一分组和第二分组依据，统计学生成绩表中其他列的均值。

```
In [9]: df.groupby(['gender','city']).mean()
```

Out[9]:

gender	city	age	scores
女	汕尾	20.0	89.0
	深圳	20.0	85.0
男	广州	18.0	78.0
	汕尾	19.0	74.5
	深圳	21.0	93.0

2．使用 agg() 函数对数据进行聚合操作

agg() 函数和 aggregate() 函数都支持对每个分组应用某函数，包括 Python 内置函数或自定义函数。同时这两个函数能够直接对 DataFrame 进行函数应用操作。在正常使用过程中，agg() 函数和 aggregate() 函数对 DataFrame 对象操作时的功能几乎完全相同，因此只需要掌握其中一个函数即可。

（1）使用 agg() 函数计算出学生成绩表中数据对应的统计量。

```
In [10]: df[['age','scores']].agg([np.max,np.min,np.sum,np.mean])
```
Out[10]:

	age	scores
amax	21.0	93.000000
amin	18.0	69.000000
sum	117.0	494.000000
mean	19.5	82.333333

（2）使用分组聚合方法统计出学生成绩表中男生和女生的平均年龄。

```
In [11]: df.groupby('gender')['age'].agg(np.mean)
Out[11]: gender
         女    20.00
         男    19.25
         Name: age, dtype: float64
```

3．使用 apply() 函数对数据进行聚合操作

使用 apply() 函数对 groupby 对象进行聚合操作的方法类似于 agg() 函数，能够将函数应用于每一列中。不同之处在于，apply() 函数相比 agg() 函数传入的参数只能够作用于整个 DataFrame 或 Series，而无法像 agg() 函数一样能够对不同字段，应用不同参数获取不同结果。

（1）使用 apply() 函数统计出学生成绩表中男生和女生的平均年龄。

```
In [12]: df.groupby('gender')['age'].apply(np.mean)
Out[12]: gender
         女    20.00
         男    19.25
         Name: age, dtype: float64
```

（2）使用 apply() 函数统计出学生成绩表中不同城市男生和女生的平均年龄。

```
In [13]: df.groupby(['gender','city'])['age'].apply(np.mean)
Out[13]: gender  city
         女       汕尾     20.0
                 深圳     20.0
```

	男	广州	18.0
		汕尾	19.0
		深圳	21.0

```
Name: age, dtype: float64
```

（3）使用 apply()函数统计出学生成绩表中不同城市男生和女生各列的最大值。

```
In [14]: df.groupby(['gender','city']).apply(lambda x:x.max())
         # 等价于df.groupby(['gender','city']).apply(max)
```

Out[14]:

		name	gender	city	age	scores	等级
gender	city						
女	汕尾	刘二	女	汕尾	20	89	优秀
	深圳	钱五	女	深圳	20	85	优秀
男	广州	王一	男	广州	18	78	良好
	汕尾	罗六	男	汕尾	19	80	良好
	深圳	张三	男	深圳	21	93	优秀

4. 使用 transform()函数对数据进行聚合操作

使用 transform()函数能对整个 DataFrame 的所有元素进行操作，还能对 DataFrame 分组后的对象 groupby 进行操作。使用 transform()函数能将运算分布到每一行。

（1）使用 transform()函数统计出学生成绩表中不同性别的平均年龄，并随机读取 5 条记录。

```
In [15]: df.groupby('gender')['age'].transform(np.mean).sample(5)
Out[15]: 2    19.25
         3    19.25
         4    20.00
         0    19.25
         5    19.25
         Name: age, dtype: float64
```

（2）显示分组后重复数据的布尔值。

```
In [16]: df.groupby('gender')['age'].transform(np.mean).duplicated()
Out[16]: 0    False
         1    False
         2    True
         3    True
         4    True
         5    True
         Name: age, dtype: bool
```

如果结果为 False，则表示无重复记录；如果结果为 True，则表示与前面记录相同，不是第一次出现。

（3）数据去重。

```
In [17]: df.groupby('gender')['age'].transform(np.mean).drop_duplicates()
Out[17]: 0    19.25
         1    20.00
         Name: age, dtype: float64
```

本章小结

本章主要介绍了 NumPy 和 Pandas 的基础知识，为后续章节学习奠定了数据分析理论基础。首先，简要介绍了 NumPy 创建多维数组及数据类型转换方法、随机数生成方法、数组变换方法、NumPy 数组切片和运算方法；其次，概要性介绍了 Pandas 数据结构、Series 的语法格式及其基本操作，包括 Series 的创建、读取、排序及增/删/改操作；DataFrame 的语法格式及其基本操作，包括 DataFrame 的创建、读取、排序及增/删/改/查操作；最后，重点介绍了使用 append()、merge()、concat() 等函数实现 DataFrame 的合并、拼接和组合，使用 groupby() 函数对数据进行分组，以及使用 agg()、apply()、transform() 等函数聚合数据。

本章习题

一、单选题

1．NumPy 中用于统计数组元素个数的函数是（　　　）。

A．ndim()　　　　　　B．size()　　　　　　C．itemsize()　　　　D．mean()

2．创建一个 3×3 的数组，下列代码中错误的是（　　　）。

A．np.eye(3)　　　　　　　　　　　B．np.random.random([3,3,3])

C．np.mat('1,2,3;4,5,6;7,8,9')　　　D．np.arange(0,9).reshape(3,3)

3．下列关于 Pandas 库的说法正确的是（　　　）。

A．Pandas 只有两种数据结构

B．Pandas 不支持读取文本数据

C．Pandas 是在 NumPy 基础上建立新的程序库

D．Pandas 中的 Series 和 DataFrame 可以用于解决所有数据分析问题

4．关于下列说法错误的是（　　　）。

```
import numpy as np
arr = np.array([0,1,2,3,4,5])
import pandas as pd
ser = pd.Series([0,1,2,3,4,5])
```

A．arr 与 ser 都是一维数据

B．虽然 arr 与 ser 是不同的数据类型，但是同样可以进行加/减法运算

C．arr 与 ser 表达同样的数据内容

D．arr 参与运算的执行速度明显比 ser 快

5．获取 df 的 name 列和 age 列，下列代码中正确的是（　　　）。

A．df.loc[:, ['name', 'age']]

B．df.loc[:, 'name', 'age']

C．df[['name', 'age']]

D．df['name', 'age']

6．显示 df 的基础信息，包括行的数量、列名、每一列值的数量及类型，下列代码中正确的是（　　）。

A．df.info()

B．df.describe()

C．df.iloc[:]

D．df.value_counts()

7．下列关于 groupby()函数说法正确的是（　　）。

A．groupby()函数能够实现分组聚合

B．groupby()函数是 Pandas 提供的一个用来聚合的方法

C．groupby()函数的结果能够直接查看

D．groupby()函数是 Pandas 提供的一个用来分组的方法

8．下列关于分组聚合的说法错误的是（　　）。

A．Pandas 只有一个分组函数 groupby()

B．Pandas 分组聚合能够实现组内标准化

C．Pandas 聚合时能够使用 agg()函数、apply()函数

D．Pandas 只提供一个分组函数和聚合函数

二、填空题

1．NumPy 提供了两种基本对象，分别是_____和_____。

2．假设 array1=np.arange(12).reshape(3,4),则 array1[(0,1),(1,3)]对应的值是_____；array1[1:2,(1,2)]对应的值是_____；array1.ndim 的值是_____。

3．Numpy 中 ndarray 的 size 属性返回的是_____。

4．创建一个范围为[0,1]，长度为 20 的等差数列的语句是_____。

5．当使用值列表生成 Series 时，Pandas 默认自动生成_____索引。

6．一个 DataFrame 对象的属性 values 和 ndim 分别指_____和_____。

三、简答题

1．简述 NumPy 的数据结构。

2．简述 Pandas 的数据结构。

3．简述数据分组与聚合。

四、操作题

1．创建一个 4 行 5 列的数组，数据范围在 0～1 之间随机分布。

2．因为 NumPy 数组在数值运算方面的效率优于 Python 提供的 list，所以灵活掌握 NumPy 中数组的创建和基础运算是有必要的。使用 NumPy 库，编写 Python 代码完成下列

操作。

（1）启动 Jupyter Notebook 创建一个 Notebook。

（2）创建一个数值，其范围为从 0～1，间隔为 0.01 的数组 arr1。

（3）创建一个包含 101 个符合正态分布的随机数的一维数组 arr2。

（4）对数组 arr1 和数组 arr2 进行四则运算，并输出结果（四则运算包括加、减、乘、除运算）。

（5）对数组 arr2 进行简单的统计分析，并输出结果（统计分析包括对数组进行升序排列、求和、求平均值、求标准差和求最小值操作）。

（6）将数组 arr1 和数组 arr2 存储在当前工作路径下的一个二进制格式文件 arr.npz 中。

五、填空题

获取非数值类型字段；获取指定字段的取值；统计指定字段的样本数量；字段分组并统计样本数量。

```python
########代码开始########
import pandas as pd
import matplotlib.pyplot as plt
# 样例数据
data = [
{'maker':'audi','length':176.6,'power':102,'city-mpg':24,'type':'low'},
{'maker':'audi','length':192.7,'power':110,'city-mpg':19,'type':'medium'},
{'maker':'bmw','length':189,'power':121,'city-mpg':20,'type':'medium'},
{'maker':'bmw','length':197,'power':182,'city-mpg':15,'type':'high'},
{'maker':'volvo','length':188.8,'power':114,'city-mpg':23,'type':'low'}
]
df = pd.DataFrame(data)
# 遍历每个字段，将所有非数值字段的名称保存在text_columns集合中
text_columns=[]
for column_name in df.____【1】____:
    if df[____【2】____].dtype == 'object':
        text_columns.append(column_name)

# 下面的代码应输出：['maker','type']
print('非数值类型的字段名称：', text_columns)

# 查看maker字段有哪几种取值
maker_values = df['____【3】____'].unique()
# 下面的代码应输出：['audi' 'bmw' 'volvo']
print("maker", maker_values)

# 查看type字段每种取值的数量。例如：取值为low的样本有两个
type_counts = df['type'].____【4】____()
for index in type_counts.index:
```

```
    print("maker=%s的样本数量: %d" % (index, type_counts[____【5】____]))
# 首先对power字段进行分组处理，然后统计和展示每个区间、每种标签分类的数量信息
# 将power按照[0-100)、[100-120)、[120-150)与[150-200]划分为4个区间
bins = [0, 100, 120, 150, 200]
labels = ['0-100','100-120','120-150','150-200']
df['power_bin'] = ____【6】____.cut(df['____【7】____'], bins=bins,
labels=labels)

# 统计不同power区间下，不同type分类的样本数量；以年龄区间(power_bin)为横坐标
temp_data = pd.crosstab(index=df['____【8】____'], columns=df['____【9】____'])
# 绘制多维柱形图
temp_data.____【10】____(kind='bar', rot='0')
plt.show()
########代码结束########
```

第4章

使用 Pandas 导入数据

学习目标

- 掌握读/写文本文件的方法。
- 掌握读/写 Excel 文件的方法。
- 掌握读/写 HTML 文件中表格的数据方法。
- 掌握读/写 JSON 格式文件的方法。
- 掌握读取 MySQL 数据库文件的方法。

对于数据分析来说，绝大部分数据来源于外部数据。数据存在的形式多种多样，有文件（如 TXT、CSV、XLSX）和数据库（如 MySQL、Oracle、SQL Server）等形式。Pandas 库将外部数据转换为 DataFrame 数据格式，处理完成后可再存储到相应的外部文件中。

4.1 读/写文本文件

扫一扫
看微课

文本文件是一种由若干行字符构成的计算机文件，是一种典型的顺序文件。Pandas 中的读/写文本文件主要是指 TXT 文本文件和 CSV 文件。

4.1.1 读/写 TXT 文本文件

在 Pandas 中，用户可以使用 read_table()函数导入 TXT 文件，其语法格式如下：

```
Pandas.read_table(file, names=[列名1, 列名2,…], sep="\t", …)
```

- file：文件路径与文件名。
- names：列名，默认将文件中的第一行作为列名。
- sep：字符分隔符，默认为\t，\t 表示 Tab 键。

例如，导入的 TXT 文本文件内容如图 4-1 所示。

ch04_203AI.txt - 记事本

文件(F) 编辑(E) 格式(O) 查看(V) 帮助(H)

学号	班级	姓名	性别	机器视觉	体育	AI实践	数据分析	高数	深度学习
2020322101	203人工智能1班	肖乐	男	76	78	95	40	23	60
2020322102	203人工智能1班	谢芬	女	66	91	96	47	80	44
2020322103	203人工智能1班	徐萍	女	85	64	97	45	72	60
2020322104	203人工智能1班	许秋	女	65	61	90	72	64	71
2020322105	203人工智能1班	叶彬	男	73	68	99	61	61	46
2020322106	203人工智能1班	詹巧儿	女	60	61	94	80	68	71
2020322107	203人工智能1班	张祺琪	女	67	63	95	72	61	78
2020322108	203人工智能1班	郑佳	女	76	75	96	76	63	69
2020322109	203人工智能1班	郑浩	男	66	67	95	96	75	71
2020322110	203人工智能1班	卓小烽	男	62	作弊	98	60	66	77
2020322111	203人工智能1班	甘明明	男	76	90	97	60	85	60
2020322112	203人工智能1班	谢五龙	男	79	67	100	64	65	79
2020322201	203人工智能2班	蔡晓妹	女	77	71	缺考	61	73	76
2020322202	203人工智能2班	陈美	女	74	74	94	68	60	64
2020322203	203人工智能2班	陈健	男	76	80	95	61	67	61
2020322204	203人工智能2班	冯桂	男	72	72	96	63	90	68
2020322205	203人工智能2班	胡智	男	79	76	97	78	70	61
2020322206	203人工智能2班	黄燕	女	64	96	98	69	60	63
2020322207	203人工智能2班	黄江恒	男	66	74	99	70	71	75
2020322208	203人工智能2班	江水凯	男	85	60	91	72	72	83
2020322209	203人工智能2班	赖森	男	65	50	98	71	76	71

第 28 行，第 45 列 100% Windows (CRLF) ANSI

图 4-1 部分 TXT 文本文件内容

使用 read_table()函数读取（导入）上述 TXT 文本文件中的数据。

```
In [1]: import pandas as pd
        df=pd.read_table('data/ch04_203AI.txt',encoding="gbk",sep="\t")
        df.head()
```

Out[1]:

	学号	班级	姓名	性别	机器视觉	体育	AI实践	数据分析	高数	深度学习
0	2020322101	203人工智能1班	肖乐	男	76	78	95	40	23	60
1	2020322102	203人工智能1班	谢芬	女	66	91	96	47	80	44
2	2020322103	203人工智能1班	徐萍	女	85	64	97	45	72	60
3	2020322104	203人工智能1班	许秋	女	65	61	90	72	64	71
4	2020322105	203人工智能1班	叶彬	男	73	68	99	61	61	46

其中，encoding="gbk"是字符串中文编码方式，Python 默认的字符串编码是 Unicode。

4.1.2 读/写 CSV 文件

逗号分隔值（Comma-Separated Values，CSV）又被称为“字符分隔值”，因此，分隔字符不一定是逗号，其文件以纯文本形式存储表格数据（数字和文本）。CSV 文件由任意数目的记录组成，记录之间以某种换行符分隔；每条记录由字段组成，字段之间的分隔符是其他字符或字符串，最常见的是逗号或制表符。通常，所有记录都有完全相同的字段序列。CSV 文件格式常见于手机通讯录，可以使用记事本、Excel 等软件打开。

在 Pandas 中，用户可以使用 read_csv()函数导入 CSV 文件，其语法格式如下：

```
Pandas.read_csv(file, names=[列名1, 列名2,…], sep=",", …)
```

- file：文件路径与文件名。
- names：列名，默认将文件中的第一行作为列名。
- sep：字符分隔符，默认为逗号“,”。

1. 读取（导入）CSV 文件

例如，导入的 CSV 文件内容如图 4-2 所示。

图 4-2　CSV 文件内容

使用 read_csv()函数读取（导入）上述 CSV 文件中的数据。

```
In [2]: import pandas as pd
        df=pd.read_csv('data/ch04_203AI.csv',encoding="gbk",sep=",")
        # 或者使用read_table()函数读取（导入）CSV文件中的数据
        # df=pd.read_table('data/ch04_203AI.csv',encoding="gbk",sep=",")
        df.head()
```

Out[2]:

	学号	班级	姓名	性别	机器视觉	体育	AI实践	数据分析	高数	深度学习
0	2020322101	203人工智能1班	肖乐	男	76	78	95	40	23	60
1	2020322102	203人工智能1班	谢芬	女	66	91	96	47	80	44
2	2020322103	203人工智能1班	徐萍	女	85	64	97	45	72	60
3	2020322104	203人工智能1班	许秋	女	65	61	90	72	64	71
4	2020322105	203人工智能1班	叶彬	男	73	68	99	61	61	46

2. 文本文件的存储

文本文件的存储方法与读取方法类似。在 Pandas 中，用户可以使用 to_csv()函数存储 CSV 文件，其语法格式如下：

```
DataFrame.to_csv(file,index=True,sep=',',header=True,columns=None,mode='w',
index_label=None,encoding=None)
```

- file：文件路径与文件名。
- index：写入行名称（索引），默认值为 True。
- sep：表示在 CSV 文件中使用的分隔符，默认为逗号","。
- header：字段名，默认值为 True，默认将文件中的第一行作为列名。
- columns：可选列写入，要写入的字段列表。
- mode：写模式，默认为 w。
- index_label：一个字符串（str）或序列（Series），代表一个特定索引的列名，默认值为 None。
- encoding：输出文件使用的编码方案，默认为 "utf-8"。

使用 to_csv 函数来存储上述 DataFrame 文件，操作命令如下：

```
In [3]: df.to_csv('data/df_ch04_203AI.csv',encoding='gbk',index=None)
```

上述代码表示将数据框 df 数据保存到 data 目录下，并命名为 df_ch04_203AI.csv，不自动创建索引列。

3. Iris 数据集案例分析

Iris 数据集是常用的分类实验数据集，于 1936 年由 Fisher 收集整理。Iris 又被称为"鸢尾花卉数据集"，是一种多重变量分析的数据集。数据集包含 150 个数据样本，分为 3 类，每类包含 50 个数据，每个数据包含 4 个花卉属性和 1 个目标属性，因此 Iris 数据集是一个 150 行 5 列的二维表。用户可以通过花萼长度（Sepal.Length）、花萼宽度（Sepal.Width）、花瓣长度（Petal.Length）、花瓣宽度（Petal.Width）4 个属性预测鸢尾花卉属于 Setosa（山鸢尾）、Versicolour（变色鸢尾）和 Virginica（维吉尼亚鸢尾）3 个种类中的哪一类。Iris 数据集部分样本数据如图 4-3 所示。

	A	B	C	D	E
1	5.1	3.5	1.4	0.2	setosa
2	4.9	3	1.4	0.2	setosa
3	4.7	3.2	1.3	0.2	setosa
4	4.6	3.1	1.5	0.2	setosa
5	5	3.6	1.4	0.2	setosa
6	5.4	3.9	1.7	0.4	setosa
7	4.6	3.4	1.4	0.3	setosa
8	5	3.4	1.5	0.2	setosa
9	4.4	2.9	1.4	0.2	setosa
10	4.9	3.1	1.5	0.1	setosa

图 4-3　Iris 数据集部分样本数据

（1）给 Iris 数据集添加字段名。

```
In [4]: names=['Sepal_length','Sepal_width','Petal_length','Petal_width',\
        'Target']
        df=pd.read_csv('data/iris.csv',names=names)
        df.head()
```

Out[4]:

	Sepal_length	Sepal_width	Petal_length	Petal_width	Target
0	5.1	3.5	1.4	0.2	setosa
1	4.9	3.0	1.4	0.2	setosa
2	4.7	3.2	1.3	0.2	setosa
3	4.6	3.1	1.5	0.2	setosa
4	5.0	3.6	1.4	0.2	setosa

（2）查看 Iris 数据集的描述性统计信息。

```
In [5]: df.describe()
```

Out[5]:

	Sepal_length	Sepal_width	Petal_length	Petal_width
count	150.000000	150.000000	150.000000	150.000000
mean	5.843333	3.054000	3.758667	1.198667
std	0.828066	0.433594	1.764420	0.763161
min	4.300000	2.000000	1.000000	0.100000
25%	5.100000	2.800000	1.600000	0.300000
50%	5.800000	3.000000	4.350000	1.300000
75%	6.400000	3.300000	5.100000	1.800000
max	7.900000	4.400000	6.900000	2.500000

（3）绘制箱线图。

```
In [6]: import matplotlib.pyplot as plt
        df.boxplot()
```
Out[6]:

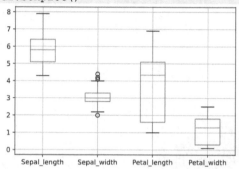

（4）计算 p=0.1 和 p=0.9 时，各列的分位数。

```
In [7]: df.quantile([0.1,0.9])
```
Out[7]:

	Sepal_length	Sepal_width	Petal_length	Petal_width
0.1	4.8	2.50	1.4	0.2
0.9	6.9	3.61	5.8	2.2

（5）返回列的所有唯一值和个数。

```
In [8]: print("返回列的所有唯一值: ",df.Target.unique())
        print("返回列的所有唯一值个数: ",df.Target.nunique())
```
Out[8]: 返回列的所有唯一值: ['setosa' 'versicolor' 'virginica']
        返回列的所有唯一值个数: 3

（6）绘制交叉表。

交叉表是用于统计分组频率的特殊透视表。这里统计布尔值的频数。

```
In [9]: pd.crosstab(df['Petal_length']>df['Petal_length'].mean(),\
                    df['Petal_width']>df['Petal_width'].mean())
```
Out[9]:

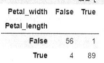

Petal_width	False	True
Petal_length		
False	56	1
True	4	89

（7）绘制散点图。

```
In [10]: plt.scatter(df['Petal_width'],df['Petal_length'],alpha=0.4,\
         color='k')    # k表示绘制的散点为黑色，alpha表示透明度
         plt.xlabel('Petal Width')
         plt.ylabel('Petal Length')
```
Out[10]:

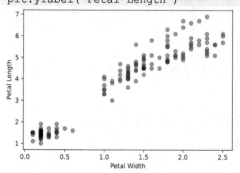

（8）绘制统计学直方图。

```
In [11]: plt.hist(df['Petal_width'],bins=20)
         plt.xlabel('Petal Width Distribution')
```

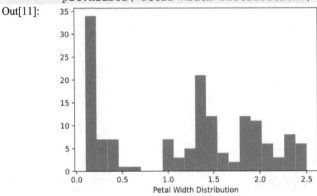
Out[11]:

4.2 读/写 Excel 文件

Excel 是微软公司的办公软件 Microsoft Office 的组件之一。它可以对数据进行处理、统计分析等操作，被广泛应用于管理、财经和金融等众多领域。Excel 文件的扩展名有.xls 和.xlsx 两种。

1. 语法及参数

Pandas 提供的 read_excel()函数用于读取.xls 和.xlsx 这两种 Excel 文件，其语法格式如下：

```
pandas.read_excel(file,sheetname=0,header=0,index_col=None,names=None,dtype
=None)
```

read_excel()函数和 read_table()函数的部分参数相同，其常用参数及其说明如表 4-1 所示。

表 4-1　read_excel()函数的常用参数及其说明

参数	说明
file	接收 string，为文件路径与文件名
sheetname	接收 string、int，表示 Excel 表内数据的分表位置，默认值为 0
header	接收 int 或 sequence，表示将某行数据作为列名，默认为 infer，表示自动识别
index_col	接收 int、sequence 或 False，表示索引列的位置，当取值为 sequence 时，表示多重索引，默认为 None
names	接收 sequence，在 header=None 的前提下，为 DataFrame 指定一个新的名称序列；其中，names 元素的个数必须与 DataFame 的列数一致
dtype	接收 dictionary，表示写入的数据类型（列名为 key，数据格式为 values），默认为 None

2. 读取 Excel 文件

例如，导入学生成绩表 Excel 文件，工作簿中包含 5 个 Sheet 表。

（1）读取工作簿中的第一张工作表 Sheet1。

```
In [1]: df=pd.read_excel('data/ch04_203AI.xlsx',sheet_name='Sheet1',\
```

```
            header=0)
            df.head()
```
Out[1]:

	学号	班级	姓名	性别	机器视觉	体育	AI实践	数据分析	高数	深度学习
0	2020322101	203人工智能1班	肖乐	男	76	78	95	40	23	60
1	2020322102	203人工智能1班	谢芬	女	66	91	96	47	80	44
2	2020322103	203人工智能1班	徐萍	女	85	64	97	45	72	60
3	2020322104	203人工智能1班	许秋	女	65	61	90	72	64	71
4	2020322105	203人工智能1班	叶彬	男	73	68	99	61	61	46

（2）如果数据不包含列名，则只需将 header 的值设置为 None，列名按序号自动识别。

```
In [2]: df=pd.read_excel('data/ch04_203AI.xlsx',sheet_name='Sheet1',\
        header=None)
        df.head()
```
Out[2]:

	0	1	2	3	4	5	6	7	8	9
0	学号	班级	姓名	性别	机器视觉	体育	AI实践	数据分析	高数	深度学习
1	2020322101	203人工智能1班	肖乐	男	76	78	95	40	23	60
2	2020322102	203人工智能1班	谢芬	女	66	91	96	47	80	44
3	2020322103	203人工智能1班	徐萍	女	85	64	97	45	72	60
4	2020322104	203人工智能1班	许秋	女	65	61	90	72	64	71

（3）读取工作簿中其他工作表的方法，本例读取工作表 Sheet3。

```
In [3]: df=pd.read_excel('data/ch04_203AI.xlsx',sheet_name='Sheet3')
        df.head()
```
Out[3]:

	学号	班级	姓名	机器视觉	体育	AI实践	数据分析	高数	深度学习
0	2020322201	203人工智能2班	蔡晓妹	77	71	缺考	61	73	76
1	2020322202	203人工智能2班	陈美	74	74	94	68	60	64
2	2020322203	203人工智能2班	陈健	76	80	95	61	67	61
3	2020322204	203人工智能2班	冯桂	72	72	96	63	90	68
4	2020322205	203人工智能2班	胡箐	79	76	97	78	70	61

（4）一次读取工作簿中多张工作表的方法，该方法得到的数据为字典结构。

```
pd.read_excel('data/ch04_203AI.xlsx',
        sheet_name = ['Sheet1','Sheet2','Sheet3', 'Sheet4','Sheet5'])
```
或者
```
pd.read_excel('data/ch04_203AI.xlsx', sheet_name = [0,1,2,3,4])
```
其中，[0,1,2,3,4]表示工作簿中工作表的序号。

3. 数据预处理案例分析

要对数据进行分析，一般都要经过数据清洗环节。数据清洗的目的有两个：一是通过清洗让数据可用；二是让数据变得更适合后续的分析工作。无论是线下人工填写的手工表，还是线上通过工具收集的数据，又或者是系统中导出的数据，很多数据源都存在一些问题，如比较常见的数据重复、空值、异常值及冗余的空格等问题。因此，有数据分析工程师毫不夸张地说，数据清洗占用了数据分析类项目 80%的工作。然而，事实确实如此。

现需对工作表 Sheet5 中的数据进行预处理，需要解决以下两个问题。

（1）将数据表添加两列，每个学生的各科成绩总分和整体情况（级别），级别按照[df.

71

总分.min()-1,330,445,df.总分.max()+1]进行划分，分为"一般"，"良好"与"优秀"3 种情况。

（2）由于不同科目成绩分数差异化较大，为了保证学生成绩在评定奖学金的公平性，可以先将每个学生的各科成绩标准化后再汇总，重新标出新的级别。

本案例前期数据预处理及数据分析如下。

（1）读取工作表 Sheet5，显示前 10 条记录。

```
In [4]: df=pd.read_excel('data/ch04_203AI.xlsx',sheet_name='Sheet5')
        df.head(10)
```

Out[4]:

	学号	班级	姓名	机器视觉	体育	AI实践	数据分析	高数	深度学习
0	2022319101	203大数据1班	高山龙	61	72.0	93	61.0	63.0	73.0
1	2022319102	203大数据1班	郑浩玲	63	64.0	缺考	63.5	75.0	60.0
2	2022319103	203大数据1班	马楷瞳	缺考	61.0	94	75.0	80.0	67.0
3	2022319104	203大数据1班	余梓容	NaN	68.0	95	64.0	NaN	66.0
4	2022319105	203大数据1班	林思宇	68	61.0	96	61.0	75.0	85.0
5	2022319106	203大数据1班	刘俊杰	61	63.0	97	68.0	80.0	65.0
6	2022319107	203大数据1班	邱评利	63	75.0	98	61.0	73.0	73.0
7	2022319108	203大数据1班	黄煜浩	47	80.0	缓考	63.0	60.0	60.0
8	2022319109	203大数据1班	魏新林	76	72.0	93	75.0	67.0	64.0
9	2022319110	203大数据1班	许丽新	65	76.0	94	64.0	85.0	61.0

（2）观察数据和查重。

```
In [5]: print(df.shape)
        df[df.duplicated()]    #如果有重复记录，则布尔值为True
Out[5]: (30, 9)
```

	学号	班级	姓名	机器视觉	体育	AI实践	数据分析	高数	深度学习
28	2022319106	203大数据1班	刘俊杰	61	63.0	97	68.0	80.0	65.0
29	2022319123	203大数据1班	陈权	63	85.0	99	75.0	NaN	77.0

（3）删除重复数据行并显示数据形状。

```
In [6]: df=df.drop_duplicates()
        df.shape
Out[6]: (28, 9)
```

（4）查看 DataFrame 对象的相关信息。

```
In [7]: df.info()
Out[7]: <class 'pandas.core.frame.DataFrame'>
        Int64Index: 28 entries, 0 to 27
        Data columns (total 9 columns):
         #   Column  Non-Null Count  Dtype
        ---  ------  --------------  -----
         0   学号      28 non-null     int64
         1   班级      28 non-null     object
         2   姓名      28 non-null     object
         3   机器视觉    25 non-null     object
         4   体育      26 non-null     float64
         5   AI实践    25 non-null     object
         6   数据分析    28 non-null     float64
         7   高数      25 non-null     float64
```

```
    8   深度学习    26 non-null    float64
dtypes: float64(4), int64(1), object(4)
memory usage: 2.2+ KB
```

查看数据框基本信息发现，工作表 Sheet5 中有多个学生的多门课程成绩缺失。

（5）显示存在缺失值的行，进一步确定空值的位置。

```
In [8]: df[df.isnull().values==True]
```

Out[8]:

	学号	班级	姓名	机器视觉	体育	AI实践	数据分析	高数	深度学习
3	2022319104	203大数据1班	余梓容	NaN	68.0	95	64.0	NaN	66.0
3	2022319104	203大数据1班	余梓容	NaN	68.0	95	64.0	NaN	66.0
12	2022319113	203大数据1班	张俊海	NaN	NaN	99	87.0	60.0	63.0
12	2022319113	203大数据1班	张俊海	NaN	NaN	99	87.0	60.0	63.0
13	2022319114	203大数据1班	魏普莲	作弊	85.0	91	62.0	NaN	NaN
13	2022319114	203大数据1班	魏普莲	作弊	85.0	91	62.0	NaN	NaN
16	2022319117	203大数据1班	林子阳	61	60.0	NaN	96.0	61.0	NaN
16	2022319117	203大数据1班	林子阳	61	60.0	NaN	96.0	61.0	NaN
20	2022319121	203大数据1班	张浩	65	72.0	NaN	60.0	75.0	60.0
22	2022319123	203大数据1班	陈权	63	85.0	99	75.0	NaN	77.0
25	2022319126	203大数据1班	朱子源	65	NaN	90	60.0	55.0	61.0
26	2022319127	203大数据1班	梁小潼	NaN	39.0	NaN	71.0	76.0	87.0
26	2022319127	203大数据1班	梁小潼	NaN	39.0	NaN	71.0	76.0	87.0

（6）空值处理。

对于空值有多种处理方法，最简单、直接的方法就是使用 dropna()函数删除有空值的记录。本案例采用的方法是填充空值，不过填充空值的方法也有多种。例如，用 0 填充空值，即 fillna(0)；用?填充空值，即 fillna('?')；用前一个数值代替空值，即 fillna(method='pad')；用后一个数值代替空值，即 fillna(method='bfill')；用均值填补空值，即 fillna(df.mean())。

```
In [9]: df = df.fillna(0)
        df.head()
```

Out[9]:

	学号	班级	姓名	机器视觉	体育	AI实践	数据分析	高数	深度学习
0	2022319101	203大数据1班	高山龙	61	72.0	93	61.0	63.0	73.0
1	2022319102	203大数据1班	郑浩玲	63	64.0	缺考	63.5	75.0	60.0
2	2022319103	203大数据1班	马锴暄	缺考	61.0	94	75.0	80.0	67.0
3	2022319104	203大数据1班	余梓容	0	68.0	95	64.0	0.0	66.0
4	2022319105	203大数据1班	林思宇	68	61.0	96	61.0	75.0	85.0

（7）查看列数据类型。

查看数据框各列中的数据类型是否为数值型，如果不是，则需要处理。对于有数据类型不一致的列，找出该列，并对该列数据进行处理。

```
In [10]: for i in list(df.columns):
             if df[i].dtype=='O':    # O表示是object类型
                print(i)
Out[10]: 班级
         姓名
         机器视觉
         AI实践
```

从运行结果可以看出，"机器视觉"和"AI 实践"这两门课程有数据是 object 类型，也就是成绩表中出现了"作弊"、"缺考"和"缓考"等这类文字，因此需要进一步处理。

（8）用 0 填充非数值型数据。

```
In [11]: jcsj=list(df.机器视觉)          #将"机器视觉"列中的数据转换为列表
         j=0
         for i in jcsj:
         # 判断"机器视觉"列是否均为数值型数据
             if type(i) != int and type(i) !=float:
                 # 输出非数值型数据及其行号
                 print('第'+str(jcsj.index(i)+1)+'行有非数值型数据：',i)
                 jcsj[j]=0                #用0替换非数值型数据
             j =j+1
         df['机器视觉']=jcsj              # 将修改好的数据写入数据框
         df.head()
Out[11]: 第3行有非数值型数据：  缺考
         第14行有非数值型数据： 作弊
```

	学号	班级	姓名	机器视觉	体育	AI实践	数据分析	高数	深度学习
0	2022319101	203大数据1班	高山龙	61.0	72.0	93	61.0	63.0	73.0
1	2022319102	203大数据1班	郑浩玲	63.0	64.0	缺考	63.5	75.0	60.0
2	2022319103	203大数据1班	马锴暄	0.0	61.0	94	75.0	80.0	67.0
3	2022319104	203大数据1班	余梓容	0.0	68.0	95	64.0	0.0	66.0
4	2022319105	203大数据1班	林思宇	68.0	61.0	96	61.0	75.0	85.0

"AI 实践"这门课程数据处理过程方法同上。

```
In [12]: ai=list(df.AI实践)
         j=0
         for i in jcsj:
             if type(i) != int and type(i) !=float:
                 print('第'+str(ai.index(i)+1)+'行有非数值型数据：',i)
                 ai[j]=0
             j =j+1
         df['AI实践']=ai
         df.head()
Out[12]: 第2行有非数值型数据：  缺考
         第8行有非数值型数据：  缓考
```

	学号	班级	姓名	机器视觉	体育	AI实践	数据分析	高数	深度学习
0	2022319101	203大数据1班	高山龙	61.0	72.0	93	61.0	63.0	73.0
1	2022319102	203大数据1班	郑浩玲	63.0	64.0	0	63.5	75.0	60.0
2	2022319103	203大数据1班	马锴暄	0.0	61.0	94	75.0	80.0	67.0
3	2022319104	203大数据1班	余梓容	0.0	68.0	95	64.0	0.0	66.0
4	2022319105	203大数据1班	林思宇	68.0	61.0	96	61.0	75.0	85.0

此外，如果数据量较少，用户很容易就发现非数值型数据，如学生成绩表一般会出现"作弊"、"缺考"、"缓考"和"其他"等常见数据项。这时用户可以使用更加简单、直接的方法进行处理。

```
df.replace({'机器视觉':'缺考','AI实践':'缺考'},0,inplace=True)
df.replace({'机器视觉':'作弊','AI实践':'作弊'},0,inplace=True)
df.replace({'机器视觉':'缓考','AI实践':'缓考'},0,inplace=True)
```

对本案例问题 1 的处理。

为了保护处理好的数据框数据不被其他操作影响，将其进行复制。

```
df1 = df.copy()
```

（9）为 **df1** 数据表新增"总分"列。

将学生成绩表中各科成绩进行求和，计算出每个学生的总分。

```
In [13]: df1['总分']=df1.iloc[:,3:].sum(axis=1)
         # 或者
         # df1['总分']=df1.机器视觉+df1.体育+df1.AI实践+df1.数据分析+ \df1.高数
         +df1.深度学习
         df.head()
```
Out[13]:

	学号	班级	姓名	机器视觉	体育	AI实践	数据分析	高数	深度学习	总分
0	2022319101	203大数据1班	高山龙	61.0	72.0	93	61.0	63.0	73.0	423.0
1	2022319102	203大数据1班	郑浩玲	63.0	64.0	0	63.5	75.0	60.0	325.5
2	2022319103	203大数据1班	马镨暄	0.0	61.0	94	75.0	80.0	67.0	377.0
3	2022319104	203大数据1班	余梓容	0.0	68.0	95	64.0	0.0	66.0	293.0
4	2022319105	203大数据1班	林思宇	68.0	61.0	96	61.0	75.0	85.0	446.0

（10）为 **df1** 数据表新增"等级"列。

级别按照学生的总分成绩[df.总分.min()-1,330,445,df.总分.max()+1]进行划分，分为"一般"、"良好"和"优秀"3 个等级。

查看 **df1** 数据框描述性统计信息。

```
In [14]: df1.总分.describe()
Out[14]: count    28.000000
         mean    390.250000
         std      69.027303
         min     238.000000
         25%     329.625000
         50%     421.500000
         75%     445.250000
         max     467.000000
         Name: 总分, dtype: float64
```

观察数据发现，等级区间数据划分合理，均在数据范围内，新增划分好的"等级"列。

```
In [15]: bins=[df1.总分.min()-1,330,445,df1.总分.max()+1]
         label=["一般","良好","优秀"]
         df1['等级']=pd.cut(df1.总分,bins,right=False,labels=label)
         df1.head()
```
Out[15]:

	学号	班级	姓名	机器视觉	体育	AI实践	数据分析	高数	深度学习	总分	等级
0	2022319101	203大数据1班	高山龙	61.0	72.0	93	61.0	63.0	73.0	423.0	良好
1	2022319102	203大数据1班	郑浩玲	63.0	64.0	0	63.5	75.0	60.0	325.5	一般
2	2022319103	203大数据1班	马镨暄	0.0	61.0	94	75.0	80.0	67.0	377.0	良好
3	2022319104	203大数据1班	余梓容	0.0	68.0	95	64.0	0.0	66.0	293.0	一般
4	2022319105	203大数据1班	林思宇	68.0	61.0	96	61.0	75.0	85.0	446.0	优秀

对本案例问题 2 的处理。

（11）数据标准化。

由于不同课程成绩分数差异化较大，为了保证学生成绩在评定奖学金的公平性，需要将各科成绩进行标准化处理。

```
In [16]: df2=df.copy()
         for i in list(df2.columns[3:]):
             df2[i] = (df2[i]-df2[i].min())/(df2[i].max()-df2[i].min())
         df2.head()
```

Out[16]:

	学号	班级	姓名	机器视觉	体育	AI实践	数据分析	高数	深度学习
0	2022319101	203大数据1班	高山龙	0.802632	0.750000	0.939394	0.027778	0.741176	0.760417
1	2022319102	203大数据1班	郑浩玲	0.828947	0.666667	0.000000	0.097222	0.882353	0.625000
2	2022319103	203大数据1班	马锴暄	0.000000	0.635417	0.949495	0.416667	0.941176	0.697917
3	2022319104	203大数据1班	余梓睿	0.000000	0.708333	0.959596	0.111111	0.000000	0.687500
4	2022319105	203大数据1班	林思宇	0.894737	0.635417	0.969697	0.027778	0.882353	0.885417

（12）为 df2 数据表新增"总分"列。

将学生成绩表中经过数据标准化处理后的各科成绩进行汇总，计算出每个学生的总分。

```
In [17]: df2['总分']=df2.iloc[:,3:].sum(axis=1)
         df2.head()
```

Out[17]:

	学号	班级	姓名	机器视觉	体育	AI实践	数据分析	高数	深度学习	总分
0	2022319101	203大数据1班	高山龙	0.802632	0.750000	0.939394	0.027778	0.741176	0.760417	4.021396
1	2022319102	203大数据1班	郑浩玲	0.828947	0.666667	0.000000	0.097222	0.882353	0.625000	3.100189
2	2022319103	203大数据1班	马锴暄	0.000000	0.635417	0.949495	0.416667	0.941176	0.697917	3.640671
3	2022319104	203大数据1班	余梓睿	0.000000	0.708333	0.959596	0.111111	0.000000	0.687500	2.466540
4	2022319105	203大数据1班	林思宇	0.894737	0.635417	0.969697	0.027778	0.882353	0.885417	4.295398

（13）为 df2 数据表新增"等级"列。

查看 df2 数据框描述性统计信息。

```
In [18]: df2.总分.describe()
Out[18]: count    28.000000
         mean      3.807199
         std       0.787486
         min       1.860164
         25%       3.112495
         50%       4.142816
         75%       4.307287
         max       4.769270
         Name: 总分, dtype: float64
```

观察上述数据的均值、最大值、最小值以及 1/4、1/2、3/4 的百分数，认为将学生的总分成绩以[df.总分.min()-0.1,3.1,4.3,df.总分.max()+0.1]进行划分是合理的，也可划分为"一般"、"良好"和"优秀"3 个等级。

```
In [19]: bins=[df2.总分.min()-0.1,3.1,4.3,df2.总分.max()+0.1]
         label=["一般","良好","优秀"]
         df2['等级']=pd.cut(df2.总分,bins,right=False,labels=label)
```

```
df2.head()
```

Out[19]:

	学号	班级	姓名	机器视觉	体育	AI实践	数据分析	高数	深度学习	总分	等级
0	2022319101	203大数据1班	高山龙	0.802632	0.750000	0.939394	0.027778	0.741176	0.760417	4.021396	良好
1	2022319102	203大数据1班	郑浩玲	0.828947	0.666667	0.000000	0.097222	0.882353	0.625000	3.100189	良好
2	2022319103	203大数据1班	马锴喧	0.000000	0.635417	0.949495	0.416667	0.941176	0.697917	3.640671	良好
3	2022319104	203大数据1班	余梓容	0.000000	0.708333	0.959596	0.111111	0.000000	0.687500	2.466540	一般
4	2022319105	203大数据1班	林思宇	0.894737	0.635417	0.969697	0.027778	0.882353	0.885417	4.295398	良好

4.3 读/写 HTML 文件中的表格数据

扫一扫
看微课

HTML（HyperText Mark-up Language，超文本标记语言）是一种制作万维网页面的标准语言，是万维网浏览器使用的一种语言。HTML 文件是指静态网页文件，文件内容是 html 源代码。使用浏览器就能直接打开浏览的超文本文件，这些文件经常包含各类表格，如果需要对网页中的表格数据进行分析，则可以安装 HTML5Lib 模块，使用 read_html()函数对网页中的表格数据进行读取，也可以使用 to_html()函数将表格转换为 HTML 结构进行网页输出。

1. 安装 HTML5Lib 模块

打开 Anaconda Prompt 程序环境，在 Python 环境下输入如下命令行：

```
pip install html5lib
```

或者输入如下命令行：

```
conda install html5lib
```

安装成功后的结果如图 4-4 所示。

图 4-4 安装 HTML5Lib 模块成功后的结果

2. 将 DataFrame 转换为 HTML 网页

（1）使用 Pandas 创建一个 3 行 3 列随机数的 DataFrame。

```
In [1]: import numpy as np
        df=pd.DataFrame(np.random.random((3,3)),index=['1st','2nd','3rd']\
```

```
,columns=['R','G','B'])
df
```

Out[1]:

	R	G	B
1st	0.775113	0.959538	0.870564
2nd	0.910692	0.329313	0.483340
3rd	0.484276	0.681719	0.716144

（2）使用 to_html()函数查看 DataFrame 转换为 HTML 的内容。

```
In [2]: print(df.to_html())
Out[2]: <table border="1" class="dataframe">
          <thead>
            <tr style="text-align: right;">
              <th></th>
              <th>R</th>
              <th>G</th>
              <th>B</th>
            </tr>
          </thead>
          <tbody>
            <tr>
              <th>1st</th>
              <td>0.775113</td>
              <td>0.959538</td>
              <td>0.870564</td>
            </tr>
            <tr>
              <th>2nd</th>
              <td>0.910692</td>
              <td>0.329313</td>
              <td>0.483340</td>
            </tr>
            <tr>
              <th>3rd</th>
              <td>0.484276</td>
              <td>0.681719</td>
              <td>0.716144</td>
            </tr>
          </tbody>
        </table>
```

（3）将字符串进行连接，拼接成网页格式。

```
In [3]: s=['<html>']
        s.append('<head><title>DataFrame to Web</title></head>')
        s.append('<body>')
        s.append(df.to_html())
        s.append('</body></html>')
        html=''.join(s)
```

（4）生成一个 HTML 网页文件。

```
In [4]: with open('df_web.html','w') as f:
            f.write(html)
```

使用浏览器打开网页，新创建的网页页面如图 4-5 所示。

图 4-5　将 DataFrame 转换为 HTML 网页

3. 读取 HTML 文件中的表格数据

（1）使用 read_html()函数获取本地网页中的表格数据。

```
In [5]: df=pd.read_html('D:\Jupyter_data\df_web.html')
        df[0]
```

Out[5]:

	Unnamed: 0	R	G	B
0	1st	0.775113	0.959538	0.870564
1	2nd	0.910692	0.329313	0.483340
2	3rd	0.484276	0.681719	0.716144

（2）从互联网中获取当前 HTML 网页中的表格数据。

```
In [6]: web=pd.read_html('http://cba.sports.sina.com.cn/cba/schedule/
        live/?dpc=1')
        web[0]
```

Out[6]:

	已完赛	已完赛.1	已完赛.2	第一节	第二节	第三节	第四节	总分
0	山东	山东	山东	20	21	20	26	87
1	深圳	深圳	深圳	34	18	20	25	97
2	战报 统计 组图	战报 统计 组图	半场分差	半场分差	-11	全场分差	全场分差	-10
3	战报 统计 组图	战报 统计 组图	半场总分	半场总分	93	全场总分	全场总分	184

如果网页中有多个表格同时存在，则可以修改下标值获取不同的表格数据。例如，
web[0]表示获取网页中的第一个表格，web[1]表示获取网页中的第二个表格，以此类推。

4.4　读/写 JSON 格式文件

扫一扫
看微课

JSON（JavaScript Object Notation）是一种轻量级的数据交换格
式，易于人们阅读和编写，也易于机器解析和生成，可以在多种语言之间进行数据交换，
这样就使得 JSON 成为理想的数据交换格式。

JSON 数据由"键-值"对组成，并且由花括号包围。每个键由引号引起来，键和值之
间使用冒号分隔，多组"键-值"对之间使用逗号分隔，其语法格式如下：

```
{ "name":"中国",
  "province":[{
```

```
    "name":"黑龙江",
    "cities":{"city":["哈尔滨","大庆"]}
    },{
    "name":"广东",
    "cities":{"city":["广州","深圳","珠海"]}
    },{
    "name":"新疆",
    "cities":{"city":["乌鲁木齐"]}
    }]
}
```

　　JSON 数据已成为最常用的标准数据格式之一，特别是在 Web 数据的传输方面。使用 JSON 在线解析及格式化工具（https://www.json.cn/），可以查看 JSON 结构，如图 4-6 所示。

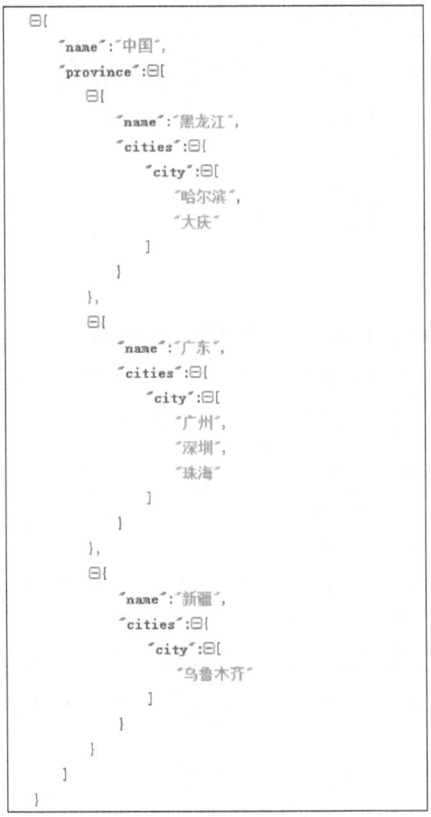

图 4-6　JSON 格式基本结构

1．简单的 JSON 格式文件处理

（1）将数据框转换为 JSON 格式文件。

　　使用 to_json()函数将数据框保存为 web.json 文件。

```
In [1]: web[0].to_json('data/web.json')
```

　　执行完成后，我们就会发现在 data 目录下生成了一个 web.json 文件。

（2）读取 JSON 格式文件。

使用 read_json()函数读取 web.json 文件。

```
In [2]: pd.read_json('data/web.json')
Out[2]:
```

	已完赛	已完赛.1	已完赛.2	第一节	第二节	第三节	第四节	总分
0	山东	山东	山东	20	21	20	26	87
1	深圳	深圳	深圳	34	18	20	25	97
2	战报 统计 组图	战报 统计 组图	半场分差	半场分差	-11	全场分差	全场分差	-10
3	战报 统计 组图	战报 统计 组图	半场总分	半场总分	93	全场总分	全场总分	184

2. 复杂的 JSON 格式文件处理

结构简单的 JSON 格式文件可以直接使用 read_json()函数读取，但是结构复杂的 JSON 格式文件就不能实现了。这时，我们可以使用 JSON 模块对这类结构复杂的 JSON 格式文件进行读取。例如，读取以下 JSON 格式文件。

```
[{"writer":"刘慈欣",
"nationality":"中国",
"books":[
    {"title":"三体1：地球往事","price":13.80},
    {"title":"三体2：黑暗森林","price":26.20},
    {"title":"三体3：死神永生","price":23.80}
    ]
},
{"writer":"列夫托尔斯泰",
"nationality":"俄国",
"books":[
    {"title":"复活","price":23.80},
    {"title":"战争与和平","price":87.90},
    {"title":"安娜卡列尼娜","price":72.50}
    ]
}]
```

如果直接使用 read_json()函数读取上述 JSON 格式文件，显示结果如下。

```
In [3]: pd.read_json('data/books.json')
Out[3]:
```

	writer	nationality	books
0	刘慈欣	中国	[{'title': '三体1：地球往事', 'price': 13.8}, {'title...
1	列夫尔斯泰	俄国	[{'title': '复活', 'price': 23.8}, {'title': '战争...

（1）加载 JSON 格式文件内容，并将其转换为字符串。

```
In [4]: import json    # 加载JSON模块
        file=open('data/books.json','r',encoding='utf8')
        text=file.read()
        text=json.loads(text)
        text
Out[4]: [{'writer': '刘慈欣',
        'nationality': '中国',
        'books': [{'title': '三体1：地球往事', 'price': 13.8},
```

```
        {'title': '三体2: 黑暗森林', 'price': 26.2},
        {'title': '三体3: 死神永生', 'price': 23.8}]},
    {'writer': '列夫托尔斯泰',
    'nationality': '俄国',
    'books': [{'title': '复活', 'price': 23.8},
        {'title': '战争与和平', 'price': 87.9},
        {'title': '安娜卡列尼娜', 'price': 72.5}]}]
```

（2）生成一个包含所有图书信息的 DataFrame。

Pandas 库中的 json_normalize()函数用于将字典或列表转换为表格。本案例将键名 books 作为第二个参数。

```
In [5]: pd.json_normalize(text,'books')
Out[5]:
```

	title	price
0	三体1: 地球往事	13.8
1	三体2: 黑暗森林	26.2
2	三体3: 死神永生	23.8
3	复活	23.8
4	战争与和平	87.9
5	安娜卡列尼娜	72.5

（3）使用树结构生成一个完整的 DataFrame。

```
In [6]: df = pd.json_normalize(text,'books',['nationality','writer'])
        df
Out[6]:
```

	title	price	nationality	writer
0	三体1: 地球往事	13.8	中国	刘慈欣
1	三体2: 黑暗森林	26.2	中国	刘慈欣
2	三体3: 死神永生	23.8	中国	刘慈欣
3	复活	23.8	俄国	列夫托尔斯泰
4	战争与和平	87.9	俄国	列夫托尔斯泰
5	安娜卡列尼娜	72.5	俄国	列夫托尔斯泰

（4）将处理好的 JSON 文件保存为 CSV 格式文件。

```
In [7]: df.to_csv('data/books.csv',index=None)  # 不会自动生成索引列
```

4.5 读取 MySQL 数据库文件

扫一扫
看微课

MySQL 是一个关系型数据库管理系统，由瑞典 MySQL AB 公司于 1995 年发布。MySQL 于 2008 年被 Sun Microsystems 以约 10 亿美元收购。2009 年，Oracle 收购 Sun Microsystems，同时获得了 MySQL 的所有权。如今，MySQL 是非常流行的关系型数据库管理系统之一，在 Web 应用方面，MySQL 是最好的 RDBMS（Relational Database Management System，关系数据库管理系统）应用软件之一。

MySQL 将数据保存在不同的表中，而不是将所有数据放在一个大仓库内，这样就增加了程序的运行速度并提高了灵活性。MySQL 所使用的 SQL 语言是用于访问数据库的常用标准化语言。MySQL 采用双授权政策，分为社区版和商业版，由于其体积小、速度快、总

体拥有成本低、开放源码等特点，一般中小型网站和大型网站的开发都选择 MySQL 作为
网站数据库。

　　Pandas 提供了便捷连接 MySQL 数据库的接口，而我们只需要安装 PyMySQL 模块即
可轻松连接 MySQL 数据库，操作数据库中任意一张表。安装 PyMySQL 模块的方法如图 4-7
所示，执行如下命令：

```
pip install pymysql
```

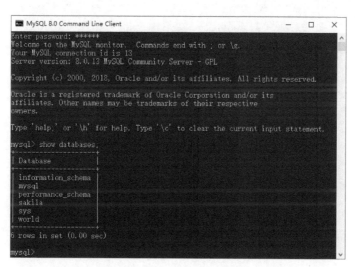

图 4-7　安装 PyMySQL 模块的方法

4.5.1　将数据导入 MySQL 数据库

　　当使用 MySQL 数据库时，首先需要检查计算机是否已成功安装了 MySQL，如果已经
安装，则可以选择"Win 开始菜单"→"MySQL"→"MySQL 8.0 Command Line Client"
命令，打开命令行窗口，在"Enter password："中输入用户名与密码，即可登录 MySQL 数
据库，在"mysql>"提示处输入"show databases;"命令查看 MySQL 数据库，如图 4-8
所示。

图 4-8　查看 MySQL 数据库

1. 使用 Navicat 新建一个 MySQL 数据库连接

　　打开 Navicat，选择菜单栏中的"新建连接"→"MySQL"命令，打开"MySQL-新
建连接"对话框，连接名由系统创建，分别输入用户名与密码，即可实现连接，如图 4-9
所示。

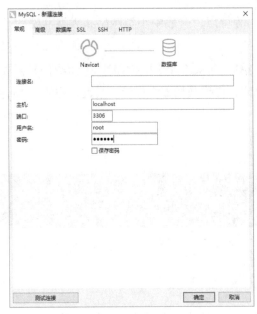

图 4-9 "MySQL-新建连接"对话框

Navicat 成功连接 MySQL 数据库后，界面如图 4-10 所示。

图 4-10 Navicat 成功连接 MySQL 数据库后的界面

2. 使用 Navicat 创建 MySQL 数据库

在 Navicat Premium 界面左侧的 localhost_3306 列表框上右击，在弹出的快捷菜单中选择"新建数据库"命令，打开"新建数据库"对话框，在"数据库名"文本框中输入新建的数据库名称，字符集和排序规则为默认设置，如图 4-11 所示。

图 4-11　"新建数据库"对话框

3. 在新建的 MySQL 数据库中导入外表

在 Navicat Premium 界面左侧的 localhost_3306 列表框中双击 test_db 数据库，在展开的列表中选择"表"选项，再在"表"选项上右击，在弹出的快捷菜单中选择"导入向导"命令，打开"导入向导"对话框，在"导入类型"选项区中选择需要导入的文件格式（如.dbf、.db、.txt、.csv、.xls/.xlsx、.xml、.json 等）。本案例以导入鸢尾花 Iris 数据集（iris.csv）为例，因此这里选中"CSV 文件"单选按钮，如图 4-12 所示。

图 4-12　选中"CSV 文件"单选按钮

在"导入向导"对话框中，单击"下一步"按钮，选择需要加载的数据源，如图 4-13 所示。

图 4-13　加载数据源 iris.csv

　　单击"下一步"按钮，这一步可以设置记录分隔符，这里选择默认设置。单击"下一步"按钮，这一步可以设置一些附加的选项，如字段名行、第一个数据行等。由于 iris.csv 表没有字段名行，因此将字段名行修改为 0、第一数据行修改为 1，稍后为其添加字段名，如图 4-14 所示。

图 4-14　设置附加选项

　　单击"下一步"按钮，这一步可以修改表名，此处保持源表名不变。单击"下一步"按钮，这里可以为数据表修改源字段名、目标字段名、数据类型、长度及主键等。本案例将为 iris.csv 表添加新的字段名行，如图 4-15 所示。

图 4-15　对导入的表结构进行相关调整

单击"下一步"按钮，这一步可以选择导入的模式，有追加、更新、追加或更新、删除和复制 5 种模式。本案例由于是新添加表，因此选择追加模式，如图 4-16 所示。

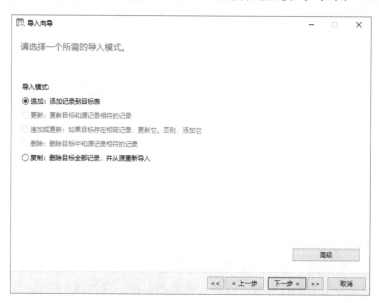

图 4-16　选择导入表的模式

单击"下一步"按钮，这里将进行导入数据库的最后一步操作，单击"开始"按钮，开始导入数据，如图 4-17 所示。

数据导入成功之后，单击"关闭"按钮，即可将数据表导入数据库中，如图 4-18 所示。

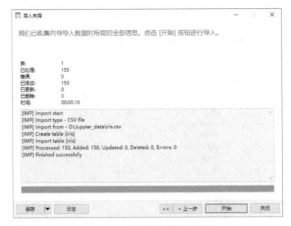

图 4-17　导入数据的过程

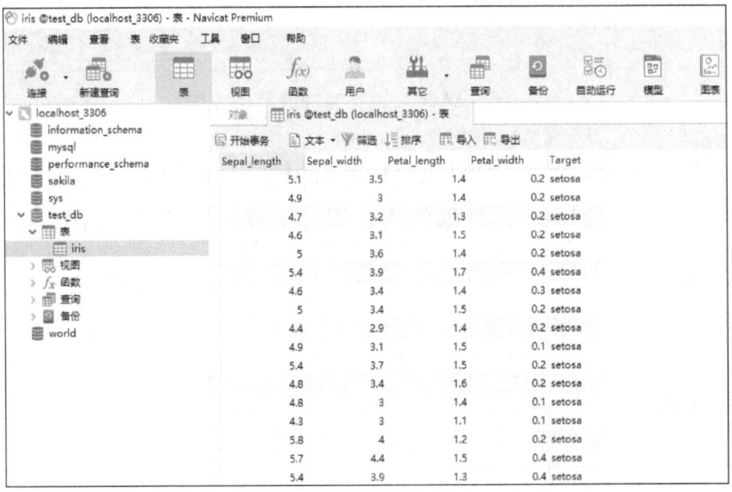

图 4-18　查看成功导入 MySQL 数据库的数据表

4.5.2　访问 MySQL 数据库

1. 使用 PyMySQL 模块访问 MySQL 数据库

（1）安装 PyMySQL 模块。

Python 提供了许多魔法命令。魔法命令都以"%"（行命令）或"%%"（单元命令）开头。行命令只对命令所在的行有效，而单元命令则必须出现在单元的第一行，对整个单元的代码进行处理。本案例使用魔法命令直接在 Jupyter Notebook 中安装第三方库，此处为安装最新版本的 PyMySQL 模块。

```
In [1]: %pip install -U pymysql
Out[1]: Requirement already satisfied: pymysql in c:\programdata\anaconda3\
        lib\site -packages (1.0.2)
        Note: you may need to restart the kernel to use updated packages.
```

出现上述情况，表示系统已安装了最新版本的 PyMySQL 模块，无须重新安装。

（2）模块加载。

要读取 MySQL 数据库中的表，要先加载 Pandas 模块和 PyMySQL 模块，再进行数据文件读取。

```
In [2]: import pandas as pd
        import pymysql as pm
```

（3）connect()函数。

connect()函数用于连接 MySQL 数据库，返回的对象是一个数据库连接对象，其语法格式如下：

```
pymysql.connect(host = host, port = port, user = username, passwd = \
            password, db = db_name, charset=charset)
```

表 4-2 列举了 connect()函数常用的参数及其说明。

表 4-2　connect()函数常用的参数及其说明

参数	说明
host	连接的数据库地址（主机 IP 地址）
port	数据库的端口号，默认端口号是 3306
user	数据库用户名
passwd	数据库密码
db	要连接的数据库名称
charset	字符编码方式

（4）访问 MySQL 数据库，读取 iris 表中的所有记录。

```
In [3]: conn = pm.connect(host = '127.0.0.1',      # 本机IP地址
                          port = 3306,              # MySQL默认端口号
                          user = 'root',            # 用户名
                          passwd = '123456',        # 数据库密码
                          db = 'test_db',           # 要连接的数据库名称
                          charset='utf8')           # 字符集
        df = pd.read_sql('select * from iris',      # 要执行的SQL语句
                         con = conn,                # 数据库连接对象
                         index_col = None)          # 选择某一列作为索引号
        conn.close()                                # 关闭数据库连接
        df
```

Out[3]:

	Sepal_length	Sepal_width	Petal_length	Petal_width	Target
0	5.1	3.5	1.4	0.2	setosa
1	4.9	3.0	1.4	0.2	setosa
2	4.7	3.2	1.3	0.2	setosa
3	4.6	3.1	1.5	0.2	setosa
4	5.0	3.6	1.4	0.2	setosa
...	...	...	...	...	...
145	6.7	3.0	5.2	2.3	virginica
146	6.3	2.5	5.0	1.9	virginica
147	6.5	3.0	5.2	2.0	virginica
148	6.2	3.4	5.4	2.3	virginica
149	5.9	3.0	5.1	1.8	virginica

150 rows × 5 columns

正常读取数据之后，后续就可以直接对 DataFrame 进行操作，与前面介绍的方法一样，这里不再赘述。

2. 使用 SQLAlchemy 模块访问 MySQL 数据库

SQLAlchemy 把数据库当作一个关系型代数引擎，不仅是数据表的一个集合。数据行不仅可以从数据表中进行查询，也可以从数据表关联后形成的逻辑数据表和其他的查询语句结果中进行查询，这些元素可以组合成更大的数据结构。SQLAlchemy 的表达式语言就是建立在这个核心概念上的。

任何 SQLAlchemy 应用程序都是一个名为 Engine 对象开始，该对象充当连接到特定数据库的中心源或提供工厂（Connection Pool）。对于这些数据库连接，引擎通常是一个只为特定数据库服务器创建一次的全局对象，并使用一个 URL 字符串进行配置，该字符串将描述如何连接到数据库主机或后端。

（1）安装 SQLAlchemy 模块。

```
In [4]: %pip install -U sqlalchemy
```

（2）加载 SQLAlchemy 模块和创建引擎。

```
In [5]: from sqlalchemy import create_engine
        engine=create_engine('mysql+pymysql://root:123456@127.0.0.1:3306/
        test_db')    # URL统一资源定位符
        engine
Out[5]: Engine(mysql+pymysql://root:***@127.0.0.1:3306/test_db)
```

（3）使用 read_sql_table()函数访问 MySQL 数据库中的 iris 表。

```
In [6]: df=pd.read_sql_table('iris', engine, index_col='Target')
        df
```

Out[6]:

Target	Sepal_length	Sepal_width	Petal_length	Petal_width
setosa	5.1	3.5	1.4	0.2
setosa	4.9	3.0	1.4	0.2
setosa	4.7	3.2	1.3	0.2
setosa	4.6	3.1	1.5	0.2
setosa	5.0	3.6	1.4	0.2
...	...	...	...	...
virginica	6.7	3.0	5.2	2.3
virginica	6.3	2.5	5.0	1.9
virginica	6.5	3.0	5.2	2.0
virginica	6.2	3.4	5.4	2.3
virginica	5.9	3.0	5.1	1.8

150 rows × 4 columns

（4）使用 read_sql()函数访问 MySQL 数据库中的 iris 表。

```
In [7]: iris_df = pd.read_sql('select * from iris', engine)
        iris_df
```

Out[7]:

	Sepal_length	Sepal_width	Petal_length	Petal_width	Target
0	5.1	3.5	1.4	0.2	setosa
1	4.9	3.0	1.4	0.2	setosa
2	4.7	3.2	1.3	0.2	setosa
3	4.6	3.1	1.5	0.2	setosa
4	5.0	3.6	1.4	0.2	setosa
...	...	...	...	...	...
145	6.7	3.0	5.2	2.3	virginica
146	6.3	2.5	5.0	1.9	virginica
147	6.5	3.0	5.2	2.0	virginica
148	6.2	3.4	5.4	2.3	virginica
149	5.9	3.0	5.1	1.8	virginica

150 rows × 5 columns

本章小结

由于数据存在的形式多种多样，针对此类情况本章专门介绍了如何使用 Pandas 来导入数据，为数据分析提供了多种数据来源。本章主要介绍了使用 Pandas 导入外部数据的 5 种方法，分别是使用 read_table()函数和 read_csv()函数导入文本文件的方法、使用 read_excel()函数读取 Excel 文件的方法、使用 HTML5Lib 模块读/写 HTML 文件中表格数据的方法、使用 read_json()函数和 JSON 模块读/写 JSON 格式文件的方法、如何将数据导入 MySQL 数据库、使用 PyMySQL 模块或 SQLAlchemy 模块将数据从 MySQL 数据库的表中读取出来。

本章习题

一、单选题

1．在 Pandas 库中，下列关于缺失值检测说法正确的是（　　　）。

A．DataFrame.isnull()函数可以直接对缺失值进行处理

B．DataFrame.fillna()函数中用于替换缺失值的只能是数字

C．DataFrame.dropna()函数既可以用于删除观测记录，又可以用于删除特征

D．DataFrame.replace()函数能直接对缺失值进行处理

2．下列关于 Pandas 数据读/写说法错误的是（　　　）。

A．read_csv()函数可用于读取所有文本文档中的数据

B．read_sql()函数可用于读取数据库中的数据

C．to_csv()函数可用于将结构化数据写入 CSV 文件

D．to_excel()函数可用于将结构化数据写入 Excel 文件

3．下列与标准化方法有关的说法中错误的是（　　　）。

A．多个特征的数据的 K-Means 聚类不需要对数据进行标准化

B．标准差标准化是最常用的标准化方法，又被称为"零一均值标准化"

C．小数定标标准化实质上就是将数据按照一定的比例缩小

D．离差标准化简单易懂，对最大值和最小值敏感度不高

4．数据质量包含的要素有（　　　　）。

A．准确性、完整性　　　　　　　　　B．一致性、可解释性

C．时效性、可信性　　　　　　　　　D．以上全是

5．使用 Pandas 读取本地文本文件的函数是（　　　　）。

A．read_excel()　　　　　　　　　　B．read_table()

C．read_json()　　　　　　　　　　D．以上都可以

二、操作题

编写程序，对鸢尾花数据完成以下操作。

（1）读取数据文件 iris.csv，储存为数据框 iris，并将数据框的列名称从左至右依次修改为 Sepal_length、Sepal_width、Petal_length、Petal_width、Class。

（2）将数据框 iris 中 Petal_length 列的第 0 行至第 9 行设置为缺失值。

（3）将数据框 iris 中 Petal_length 列的缺失值全部替换为 1.0。

（4）删除数据框 iris 中的 Class 列。

（5）将数据框 iris 的前 3 行设置为缺失值。

（6）删除数据框 iris 中存在缺失值的行。

（7）重新设置数据框 iris 的行索引。

（8）将数据框 iris 保存到当前工作目录下，并命名为 iris_new.csv。

第**5**章

数据清理案例实战

学习目标

- 熟悉常见数据问题的处理方式。
- 掌握缺失值、重复值和异常值的检测与处理。
- 掌握多种数据源合并的方法。
- 学会使用数据透视方式观测数据。
- 学会对二手房数据案例进行清洗。
- 学会对"数据分析"岗位需求案例进行数据分析。
- 学会对年度销售数据案例进行数据分析。

数据清理是数据预处理的一个关键环节。在这一环节中,我们主要通过一定的检测与处理方法,将"脏"数据清理成质量较高的"干净"数据。Pandas 为数据清理提供了一系列方法。本章将围绕这些数据清理方法进行详细的讲解。

扫一扫

看微课

5.1 数据清理概述

数据清理的目的在于剔除原有数据中的"脏"数据,提高数据的质量,使数据具有完整性、唯一性、权威性、合法性和一致性等特点。数据清理的结果直接影响数据分析或数据挖掘的结果。

数据清理主要解决数据问题,如数据缺失、数据重复、数据异常。它们分别是由数据中存在缺失值、重复值、异常值而引起的。

1. 缺失值的处理方式

缺失值是指样本数据中某个或某些属性的值是不全的,主要由于机械故障、人为原因导致部分数据未能收集。如果直接使用有缺失值的数据进行分析,就会降低分析结果的准确性，为此需要通过合适的方式予以处理。缺失值主要有 3 种处理方式：删除、填充和插补。

（1）删除缺失值是最简单的处理方式，这种方式通过直接删除包含缺失值的行或列来达到目的，适用于删除缺失值后产生较小偏差的样本数据，但并不是十分有效。

（2）填充缺失值是比较流行的处理方式，这种方式一般会将诸如平均数、中位数、众数、缺失值前后的数填充至空缺位置。

（3）插补缺失值是一种相对复杂且灵活的处理方式，这种方式主要基于一定的插补算法来填充缺失值。常见的插补算法有线性插值和最邻近插值。

在 Pandas 中，NaN 或 None 表示缺失值。检测缺失值的常用函数有 isnull()、notnull()、isna()和 notna()。这 4 个函数均会返回一个由布尔值组成、与源对象形状相同的新对象。其中，isnull()函数和 isna()函数的用法相同，它们都会在检测到缺失值的位置标记 True；notnull()函数和 notna()函数的用法相同，它们都会在检测到缺失值的位置标记 False。

2. 重复值的处理方式

重复值是指样本数据中某个或某些数据记录完全相同，主要由于人工录入、机械故障导致部分数据重复录入。重复值主要有两种处理方式：删除和保留。其中，删除重复值是比较常见的方式，其目的在于保留唯一的数据记录。

在 Pandas 中，使用 duplicated()函数来检测数据中的重复值。在使用 duplicated()函数检测完数据后会返回一个由布尔值组成的 Series 类对象，如果该对象中包含 True，则说明 True 对应的一行数据为重复项。

需要注意的是，在分析演变规律、样本不均衡处理、业务规则等场景中，重复值具有一定的使用价值，需要进行保留。

3. 异常值的处理方式

异常值是指样本数据中处于特定范围之外的个别值，这些值明显偏离它们所属样本的其余观测值，其产生的原因有很多，包括人为疏忽、失误或仪器异常等。处理异常值之前，需要先辨别哪些值是"真异常"和"伪异常"，再根据实际情况正确处理异常值。

异常值的处理方式主要有保留、删除和替换。保留异常值也就是对异常值不做任何处理，这种方式通常适用于"伪异常"，即准确的数据；删除异常值和替换异常值是比较常用的方式，其中替换异常值是使用指定的值或根据算法计算的值替代检测出的异常值。

如果需要对数据进行异常值检测，则可以使用 3σ 原则（拉依达原则）和箱形图这两种方法。

总而言之，缺失值、重复值、异常值都有多种处理方式，具体选用哪种方式进行处理要依据具体的处理需求和样本数据特点来决定。

扫一扫
看微课

5.2 案例实战之成都锦江区二手房数据清理

为了更好地理解数据清理的操作，能够在实际运用中清洗数据，本案例将结合一组关于成都锦江区二手房情况的数据（handroom.xlsx），介绍如何使用 Pandas 模块对这组数据进行预处理。需完成以下操作。

（1）检查缺失值，一旦发现有缺失值就将其删除。

（2）检查重复值，一旦发现有重复值就将其删除。

（3）检测二手房数据单价列的异常值，一旦确定是真异常值就将其删除。

1．数据探查

在进行数据分析前，需要对整体数据进行探索，预先了解数据结构及其相关信息。这里使用 Excel 打开 handroom.xlsx 文件查看其内容，文件部分数据如图 5-1 所示。

图 5-1　handroom.xlsx 文件部分数据

从图 5-1 中可以非常直观发现，"地铁"列有多处空值，即存在部分缺失值。因此需要对数据进行相关处理。

（1）加载模块和导入文件。

```
In [1]: import pandas as pd
        import numpy as np
        handroom_df = pd.read_excel('data/handroom.xlsx')
        handroom_df
```

1056 rows × 7 columns

从输出结果可以看出，二手房数据共有 1056 行 7 列，其中"地铁"列使用 NaN 填充缺失值。使用 info()函数查看 DataFrame 的摘要信息，可以得到更加完整的数据统计信息。

（2）查看摘要信息。

```
In [2]: handroom_df.info()
Out[2]: <class 'pandas.core.frame.DataFrame'>
        RangeIndex: 1056 entries, 0 to 1055
        Data columns (total 7 columns):
         #   Column      Non-Null Count  Dtype
        ---  ------      --------------  -----
         0   区          1056 non-null   object
         1   小区名称       1055 non-null   object
         2   标题          1056 non-null   object
         3   房屋信息       1056 non-null   object
         4   关注          1056 non-null   object
         5   地铁          441 non-null    object
         6   单价(元/平方米) 1056 non-null   float64
        dtypes: float64(1), object(6)
        memory usage: 57.9+ KB
```

2. 缺失值处理

由于"地铁"列和"小区名称"列中存在缺失值，结合实际情况进行分析。小区的地理位置可能离地铁较远，因此"地铁"列含有的缺失值无须处理，而"小区名称"列中仅有一条是缺失值，直接删除后对数据影响不大。

```
In [3]: handroom_df = handroom_df.dropna(subset=['小区名称'])
        handroom_df
```

Out[3]:

	区	小区名称	标题	房屋信息	关注	地铁	单价(元/平方米)
0	锦江	翡翠城四期	翡翠城四期跃层 采光视野好 可看沙河 客厅带有阳台	高楼层(共29层)| 2009年建 |2室1厅 | 85.21平米 | 东南	331人关注 / 5月前发布	近地铁	22036.0
1	锦江	时代豪庭表三一期	时代豪庭表三 中间楼层 有装修 业主处理资产出售	中楼层(共38层)| 2009年建 |3室1厅 | 155.79平米 | 东南	137人关注 / 5月前发布	NaN	26594.0
2	锦江	卓锦城六期	卓锦城六期紫郡房源，表三，进门带入户	中楼层(共31层)| 2014年建 |3室1厅 | 89.33平米 | 西向	36人关注 / 23天前发布	NaN	22612.8
3	锦江	星城银座	春熙路太古里标准表一出售，现租给民宿。	高楼层(共11层)| 2003年建 |1室0厅 | 51.07平米 | 南	29人关注 / 5月前发布	近地铁	18014.0
4	锦江	新莲新苑	新莲新苑优质表三，诚心出售，近沙河，采光视野好。	高楼层(共7层)| 2001年建 |3室1厅 | 77.7平米 | 东南	14人关注 / 5月前发布	NaN	13513.5
...	...	...	...	...	...	...	...
1051	锦江	锦东庭园	锦东庭院居家表三 采光视野好	高楼层(共34层)| 2015年建 | 3室2厅 | 113平米 | 东南	23人关注 / 1年前发布	近地铁	25663.7
1052	锦江	五世同堂街72号	五世同堂街72号 2室1厅 南	高楼层(共7层)| 1995年建 |2室1厅 | 55.99平米 | 南	1人关注 / 9天前发布	近地铁	14288.3
1053	锦江	城市博客VC时代	锦江区红星路在售表一 标准表一	高楼层(共33层)| 2009年建 |1室1厅 | 46.69平米 | 东南	33人关注 / 1年前发布	近地铁	18205.2
1054	锦江	大地城市脉搏	春熙路大地城市脉搏 办公装修 二表 打通生活交通方便	中楼层(共20层)| 2004年建 |2室1厅 | 75.73平米 | 东南	1人关注 / 6月前发布	近地铁	25089.1
1055	锦江	俊发星雅俊园	采光好，视野好，交通便利 楼下配套齐全	中楼层(共37层)| 2015年建 | 1室1厅 | 35.91平米 | 西北	7人关注 / 4月前发布	NaN	8911.2

1055 rows × 7 columns

从输出结果可以看出，删除"小区名称"列缺失值后，二手房数据剩余 1055 行，比之前的 1056 行数据少了一行。

3. 重复值处理

重复值处理也就是对数据去重。使用 duplicated()函数可以检测 DataFrame 中有多少数据是重复出现的，重复的数据会被标记为 True。

（1）统计二手房数据中的重复项。

```
In [4]: handroom_df[handroom_df.duplicated().values == True] .count()
Out[4]: 区              58
        小区名称           58
        标题             58
        房屋信息           58
        关注             58
        地铁             22
        单价(元/平方米)     58
        dtype: int64
```

从输出结果可以看出，二手房数据中包含了 58 条重复记录。

（2）去重。

将重复记录直接删除，并重排索引。

```
In [5]: handroom_df = handroom_df.drop_duplicates(ignore_index=True)
        handroom_df
```

Out[5]:

	区	小区名称	标题	房屋信息	关注	地铁	单价(元/平方米)
0	锦江	翡翠城四期	翡翠城四期跃层 采光视野好 可看沙河 客厅带有阳台	高楼层(共29层)| 2009年建 |2室1厅 | 85.21平米 | 东南	331人关注/ 5月前发布	近地铁	22036.0
1	锦江	时代豪庭一期	时代豪庭套三 中间楼层 有装修 业主处理资产出售	中楼层(共38层)| 2009年建 |3室1厅 | 155.79平米 | 东南	137人关注/ 5月前发布	NaN	26594.0
2	锦江	卓锦城六期	卓锦城六期紫郡房源，套三，进门带入户	中楼层(共31层)| 2014年建 |3室1厅 | 89.33平米 | 西南	36人关注/ 23天前发布	NaN	22612.8
3	锦江	星地银座	春熙路古里标准套一出售，现租给民宿。	高楼层(共11层)| 2003年建 |1室0厅 | 51.07平米 | 南	29人关注/ 5月前发布	近地铁	18014.0
4	锦江	新莲新苑	新莲新苑优质套三，诚心出售，近沙河，采光视野好。	高楼层(共7层)| 2001年建 |3室1厅 | 77.7平米 | 东南	14人关注/ 5月前发布	NaN	13513.5
...	...	...	...	...	...	...	...
992	锦江	锦东庭园	锦东庭院眉郡套三 采光视野好	高楼层(共34层)| 2015年建 |3室2厅 | 113平米 | 东南	23人关注/ 1年前发布	近地铁	25663.7
993	锦江	五世同堂街72号	五世同堂街72号 2室1厅 南	高楼层(共7层)| 1995年建 |2室1厅 | 55.99平米 | 南	1人关注/ 9天前发布	近地铁	14288.3
994	锦江	城市博客VC时代	锦江区红星路在售套一 标准套一	高楼层(共33层)| 2009年建 |1室1厅 | 46.69平米 | 东南	33人关注/ 5月前发布	近地铁	18205.2
995	锦江	大地城市脉搏	春熙路大地城市脉搏 办公装修 二套 打通生活交通方便	中楼层(共20层)| 2004年建 |2室1厅 | 75.73平米 | 东南	1人关注/ 6月前发布	近地铁	25089.1
996	锦江	俊发星雅俊园	采光好，视野好，交通便利 楼下配套齐全	中楼层(共37层)| 2015年建 |1室1厅 | 35.91平米 | 西北	7人关注/ 4月前发布	NaN	8911.2

997 rows × 7 columns

从输出结果可以看出，删除 58 条重复记录后，DataFrame 数据由 1055 行减少到 997 行。

4. 异常值处理

缺失值和重复值处理完之后，还需检测"单价（元/平方米）"列中是否包含异常值。由于每个楼盘的地理位置、配套设施及开盘时间各不相同，因此各小区房价也不相同，不能简单地以"单价（元/平方米）"列统一进行异常值检测。这里先按"小区名称"对数据进行分组，再分别对每个分组进行异常值检测。

　　下面以"翡翠城四期"小区为例，使用箱形图检测该小区"单价（元/平方米）"列中是否存在异常值。

```
In [6]: %config InlineBackend.figure_format = 'svg'        # 绘制矢量图
        from matplotlib import pyplot as plt               # 加载绘图模块
        plt.rcParams['font.sans-serif'] = ['SimHei']       # 设置中文显示
        estate = handroom_df[handroom_df['小区名称'].values=='翡翠城四期']
        box = estate.boxplot(column='单价(元/平方米)')
        plt.show()
```

Out[6]:

箱形图使用数据中的 5 个统计量（最小值、下四分位数 Q1、中位数 Q2、上四分位数 Q3 和最大值）来描述数据，通过它们可以粗略地看出数据是否具有对称性、分布的分散程度等信息，因此，可以使用箱形图来检测异常值。在检测过程中，根据经验，将最大值/最小值设置为与四分位数值间距为 1.5 个四分位距（interquartile range, IQR）的值，即 min=Q1-1.5IQR，max=Q3+1.5IQR，小于 min 和大于 max 的值被认为是异常值。

　　从箱形图中可以发现有两个异常值，即两个小圆圈。对于检测出来的异常值，我们还需要进一步查验数据，然后判断是否要删除异常值。

　　下面自定义一个用于获取全部小区异常值的函数 fn_outlier()。

```
In [7]: def fn_outlier(ser):
        # 对需要检测的数据集进行排序
        new_ser = ser.sort_values()
        # 判断数据的总数量是奇数还是偶数
        if new_ser.count() % 2 == 0:
            # 分别计算Q3、Q1、IQR的值
            Q3 = new_ser[int(len(new_ser)/2):].median()
            Q1 = new_ser[:int(len(new_ser)/2)].median()
        elif new_ser.count() % 2 != 0:
            Q3 = new_ser[int((len(new_ser)-1)/2):].median()
            Q1 = new_ser[:int((len(new_ser)-1)/2)].median()
        IQR = round(Q3 - Q1, 1)
        rule = (round(Q3+1.5 * IQR, 1)<ser)|(round(Q1-1.5 * IQR, 1)>ser)
```

```
index = np.arange(ser.shape[0])[rule]
# 获取包含异常值的数据
outlier = ser.iloc[index]
return outlier
```

依次获取每个小区数据，并使用自定义函数 fn_outlier()检测数据中是否包含异常值，返回数据中的异常值及其对应的索引。

```
In [8]: outlier_index_list = []
        for i in set(handroom_df['小区名称']):
            estate = handroom_df[handroom_df['小区名称'].values == i]
            outlier_index = fn_outlier(estate['单价(元/平方米)'])
            if len(outlier_index) != 0:
                # 将异常值的索引添加到定义的列表中
                outlier_index_list.append(outlier_index.index.tolist())
        # 此时的outlier_index_list为嵌套列表，将其转换为单层列表
        outlier_list = sum(outlier_index_list, [])
        print("各小区房价异常值索引：", outlier_list)
Out[8]: 各小区房价异常值索引: [474, 356, 609, 475, 519, 18, 53, 573, 882,
        343, 874, 719, 881, 336, 779, 568, 700]
```

根据以上获得的索引，访问含有异常值的数据。

```
In [9]: handroom_df.loc[[i for i in outlier_list]]
Out[9]:
```

	区	小区名称	标题	房屋信息	关注	地铁	单价(元/平方米)
609	锦江	星城银座	星城银座 通天然气 不临街 户型方正	高楼层(共11层) | 2003年建 | 1室1厅 | 36.56平米 | 东南	20人关注 / 1年前发布	近地铁	24603.6
874	锦江	望江橡树林一期	望江橡树林一期 卖四改卖三 带阳台	高楼层(共32层) | 2009年建 | 4室2厅 | 156.33平米 | 西南	12人关注 / 4月前发布	NaN	31983.6
18	锦江	翡翠城四期	翡翠城双卫户型 可看沙河 采光视野好	低楼层(共29层) | 2009年建 | 2室2厅 | 85.21平米 | 东南	110人关注 / 6月前发布	近地铁	82515.0
53	锦江	翡翠城四期	翡翠城四期, 精装两居室, 保养好看房方便	高楼层(共30层) | 2009年建 | 2室1厅 | 87.06平米 | 西	363人关注 / 1年前发布	NaN	2250.8
356	锦江	沙河宜居二期	锦江区 双公园 沙河宜居三房双卫房型 居家精装	中楼层(共32层) | 2013年建 | 3室2厅 | 91.1平米 | 东南	49人关注 / 4月前发布	NaN	23051.6
474	锦江	东洪广厦	东洪广厦 3室2厅 东南 西北	中楼层(共32层) | 2013年建 | 3室2厅 | 90.04平米 | 东南西北	2人关注 / 19天前发布	NaN	16825.9
568	锦江	钢管厂五区	钢管厂五区电梯套二户型方正不临街 适合居家	中楼层(共11层) | 2001年建 | 2室2厅 | 85.21平米 | 东南	3人关注 / 3月前发布	NaN	15960.6
336	锦江	比华利国际城二期	比华利国际城二期 自住装修 带入户花园 带大平台	低楼层(共26层) | 2011年建 | 2室1厅 | 77平米 | 东南	3人关注 / 7月前发布	近地铁	30519.5
343	锦江	蓝谷地三四期	蓝谷地三四期, 标准套四精装修全面对小区中庭	中楼层(共13层) | 2008年建 | 4室2厅 | 183.48平米 | 东南	36人关注 / 1年前发布	NaN	21255.7
779	锦江	滨龙名城	滨龙名城套二出售, 房东住家装修, 保养好!	低楼层(共33层) | 2009年建 | 2室1厅 | 89.65平米 | 东南	17人关注 / 11月前发布	近地铁	29001.7
573	锦江	卓锦城三期	一楼带25平左右花园, 套二带书房, 户型方正, 没有浪费	低楼层(共24层) | 2010年建 | 2室2厅 | 96.45平米 | 东南	67人关注 / 7月前发布	NaN	17107.3
700	锦江	锦江逸家	套三双卫 精装修 拎包入住	高楼层(共33层) | 2015年建 | 3室1厅 | 74.38平米 | 东北东南	4人关注 / 5月前发布	NaN	34955.6
519	锦江	东城攻略	二环内 中装套二 还带阳台	高楼层(共18层) | 2008年建 | 2室1厅 | 64.64平米 | 东南	134人关注 / 1年前发布	近地铁	12840.3
882	锦江	锦江城市花园二期	锦江城市花园二期, 一楼套二, 居家装修	低楼层(共34层) | 2010年建 | 2室1厅 | 51平米 | 东南	3人关注 / 4月前发布	NaN	21176.5
719	锦江	蔷薇花园	中庭套三 不临街看小区大绿化 装修保养佳 看房方便	低楼层(共26层) | 2003年建 | 3室2厅 | 115.13平米 | 东北	20人关注 / 1年前发布	近地铁	19803.7
881	锦江	蔷薇花园	全中庭套三 采光好 视野开阔 装修保养很不错	高楼层(共18层) | 2003年建 | 3室2厅 | 138.96平米 | 西北	6人关注 / 3月前发布	NaN	18710.4
475	锦江	人居锦尚春天B区	人居锦尚春天B区 3室1厅 东南	低楼层(共41层) | 2013年建 | 3室1厅 | 90平米 | 东南	6人关注 / 4月前发布	NaN	17777.8

结合实际房价市场调查可知，"翡翠城四期"小区索引号为 18 和 53 的房价与实际售楼处单价相差较大，因此可以断定为异常值，将其删除。

```
In [10]: import warnings
```

```
warnings.filterwarnings('ignore')    # 忽略所有的警告（可选）
handroom_df.drop([18,53], inplace=True)
handroom_df
```

Out[10]:

	区	小区名称	标题	房屋信息	关注	地铁	单价(元/平方米)
0	锦江	翡翠城四期	翡翠城四期跃层 采光视野好 可看沙河 客厅带有阳台	高楼层(共29层) | 2009年建 | 2室1厅 | 85.21平米 | 东南	331人关注 / 5月前发布	近地铁	22036.0
1	锦江	时代豪庭一期	时代豪庭套三 中间楼层 有装修 业主处理资产出售	中楼层(共38层) | 2009年建 | 3室1厅 | 155.79平米 | 东南	137人关注 / 5月前发布	NaN	26594.0
2	锦江	卓锦城六期	卓锦城六期紫都房源，套三，进门带入户	中楼层(共31层) | 2014年建 | 3室1厅 | 89.33平米 | 西南	36人关注 / 23天前发布	NaN	22612.8
3	锦江	皇城根座	春熙路太古里标准套一出售，现租给民庸。	高楼层(共11层) | 2003年建 | 1室0厅 | 51.07平米 | 东南	29人关注 / 5月前发布	近地铁	18014.0
4	锦江	新莲新苑	新莲新苑优质套三，诚心出售，近少河，采光视野好。	高楼层(共7层) | 2001年建 | 3室1厅 | 77.7平米 | 东南	14人关注 / 5月前发布	NaN	13513.5
...	...	...	...	...	...	...	...
992	锦江	镜东庭园	镜东庭院层家套三 采光视野好	高楼层(共34层) | 2015年建 | 3室2厅 | 113平米 | 东南	23人关注 / 1年前发布	近地铁	25663.7
993	锦江	五世同堂街72号	五世同堂街72号 2室1厅 南	高楼层(共7层) | 1995年建 | 2室1厅 | 55.99平米 | 南	1人关注 / 9天前发布	近地铁	14288.3
994	锦江	城市博客VC时代	锦江区红星路在售套一 标准套一	高楼层(共33层) | 2009年建 | 1室1厅 | 46.69平米 | 东南	33人关注 / 1年前发布	近地铁	18205.2
995	锦江	大地城市脉搏	春熙路大地城市脉搏 办公装修 二套 打通生活交通方便	中楼层(共20层) | 2004年建 | 2室1厅 | 75.73平米 | 东南	1人关注 / 6月前发布	近地铁	25089.1
996	锦江	俊发星雅俊园	采光好，视野好，交通便利 楼下配套齐全	中楼层(共37层) | 2015年建 | 1室1厅 | 35.91平米 | 西北	7人关注 / 4月前发布	NaN	8911.2

995 rows × 7 columns

删除"翡翠城四期"小区房价异常值后，记录由原来的 997 条减少为 995 条。其他小区房价异常值操作同上。至此，成都锦江区二手房数据清洗完成。

扫一扫
看微课

5.3　案例实战之数据分析岗位需求分析

随着大数据领域的不断拓展，海量数据已经全面融入人们的社会生活中，使得基于海量数据的分析人才逐渐成为各企业追逐的宠儿。大数据这一热门行业衍生了众多与数据相关的岗位，在这些岗位中数据分析岗位脱颖而出，受到业界人士的广泛关注。为了从多个角度了解数据分析岗位的实际情况，本案例从数据分析的角度出发，结合从招聘网站上收集的有关数据分析岗位的数据，利用 Pandas 和 Matplotlib 库处理与展现数据。需完成以下操作。

（1）数据拼接，先将多个文件合并成一个文件后再进行处理。

（2）数据预处理相关工作，如数据选取、数据筛选和字符处理等。

（3）分析不同城市"数据分析"岗位的需求情况。

（4）分析"数据分析"岗位的学历要求。

（5）分析不同城市"数据分析"岗位的薪资水平。

1．数据探查

进行数据分析前，需要提前准备好分析的数据。本案例提供了从各大招聘网站上下载的 9 份有关"数据分析"岗位的数据，打开文件查看数据结构及其相关信息，文件部分数据如图 5-2、图 5-3 所示，其余文件数据结构与图 5-2、图 5-3 相同，这里不再展示。

图 5-2　beijing.csv 文件部分数据

图 5-3　chengdu.csv 文件部分数据

观察文件数据可知，表格中有多列标题相同的数据，但并非每列数据都与数据分析目标有关，这里只需要保留与数据分析目标相关的部分列数据即可。

（1）模块加载。

```
In [1]: import warnings
        warnings.filterwarnings('ignore')   # 忽略所有的警告
        import numpy as np
        import pandas as pd
        import matplotlib.pyplot as plt
        import os
```

（2）数据合并，将 9 个 CSV 文件合并成 1 个 CSV 文件。

```
In [2]: all_df = []
        for filename in os.listdir('data/jobs'):
            if filename.endswith('.csv'):
                temp_df=pd.read_csv(f'data/jobs/{filename}',encoding='gbk')
            else:
                continue
            all_df.append(temp_df)
        pd.concat(all_df, ignore_index=True).to_csv('data/all_jobs.csv')
```

接下来，只需要读取 all_jobs.csv 文件即可访问所有数据。

2. 数据预处理

尽管从网站上采集的数据是比较规整的，但可能会存在着一些问题，无法直接被应用到数据分析中。为了增强数据的可用性，我们需要对前面准备的数据进行一系列的数据清洗操作。

（1）数据选取。

```
In [3]: jobs_df = pd.read_csv('data/all_jobs.csv',
```

```
                                    usecols=['company_name', 'salary', 'site', \
                                    'year', 'edu', 'job_name', 'job_type'])
        jobs_df
```

Out[3]:

	company_name	salary	site	year	edu	job_name	job_type
0	中国电信云	20-40K·17薪	北京 海淀区 西山	经验不限	本科	Python	python
1	奇虎360	10-20K·15薪	北京 朝阳区 酒仙桥	3-5年	大专	python数据分析师	python
2	VIPKID	20-40K·14薪	北京 朝阳区 十里堡	5-10年	本科	Python	python
3	天阳科技	12-24K	北京 石景山区 八宝山	1-3年	本科	python工程师	python
4	武汉佰钧成	12-17K	北京 朝阳区 三元桥	3-5年	大专	python开发	python
...	...	...	...	...	...	...	...
9820	公众智能	8-10K	西安	3-5年	本科	产品经理	产品经理
9821	微悉	8-10K	西安 雁塔区 紫薇田园都市	3-5年	大专	产品经理	产品经理
9822	巴斯光年	10-20K	西安 雁塔区 大雁塔	3-5年	本科	产品经理	产品经理
9823	西大华特科技	5-8K	西安 雁塔区 唐延路	1-3年	硕士	产品经理（农药）	产品经理
9824	西安纯粹科技	3-6K	西安 雁塔区 玫瑰大楼	1-3年	本科	产品经理	产品经理

9825 rows × 7 columns

（2）查看 DataFrame 数据摘要信息。

```
In [4]: jobs_df.info()
Out[4]: <class 'pandas.core.frame.DataFrame'>
        RangeIndex: 9825 entries, 0 to 9824
        Data columns (total 7 columns):
         #   Column        Non-Null Count   Dtype
        ---  ------        --------------   -----
         0   company_name  9825 non-null    object
         1   salary        9825 non-null    object
         2   site          9825 non-null    object
         3   year          9825 non-null    object
         4   edu           9825 non-null    object
         5   job_name      9825 non-null    object
         6   job_type      9825 non-null    object
        dtypes: object(7)
        memory usage: 537.4+ KB
```

从输出结果可以看出，数据共有 9825 行 7 列，无缺失值，数据类型均为 object 类型，可见该数据集是比较完整的，可用于进行数据分析。

（3）查看岗位类型。

由于工作岗位名称过多，可通过查看岗位类型筛选出与"数据分析"岗位类型有关的数据。

```
In [5]: jobs_df.job_type.unique()
Out[5]: array(['python', 'java', '数据分析', '产品经理'], dtype=object)
```

从输出结果可以看出，岗位类型为"python"和"数据分析"与数据分析师岗位工作名称关联度较大。

（4）数据筛选。

```
In [6]: jobs_df=jobs_df.query("job_type=='python' or job_type=='数据分析'")
        jobs_df
```

Out[6]:

	company_name	salary	site	year	edu	job_name	job_type
0	中国电信云	20-40K·17薪	北京 海淀区 西山	经验不限	本科	Python	python
1	奇虎360	10-20K·15薪	北京 朝阳区 酒仙桥	3-5年	大专	python数据分析师	python
2	VIPKID	20-40K·14薪	北京 朝阳区 十里堡	5-10年	本科	Python	python
3	天阳科技	12-24K	北京 石景山区 八宝山	1-3年	本科	python工程师	python
4	武汉佰钧成	12-17K	北京 朝阳区 三元桥	3-5年	大专	python开发	python
...	...	...	...	...	...	...	...
9520	梦之童	8-9K	西安 新城区 解放路	1年以内	大专	医学总监	数据分析
9521	平安普惠	5-10K	西安 雁塔区 唐延路	1年以内	大专	风控	数据分析
9522	耳垂网络科技	15-18K	西安 雁塔区 小寨	1-3年	本科	算法研究员	数据分析
9523	森弗集团	3-6K	西安	经验不限	本科	IT技术支持	数据分析
9524	达创	5-8K	西安 未央区 未央路	1年以内	学历不限	策划经理	数据分析

4449 rows × 7 columns

数据经过筛选后，减少为 4449 行 7 列。但是我们发现"job_name"列中 Python 的第一个字母既有大写又有小写，需要统一"job_name"字段的首字母大小写。

（5）统一设置"job_name"列中 Python 的第一个字母大小写。

```
In [7]: jobs_df.job_name = jobs_df.job_name.str.title()  # 标题格式
        jobs_df
```

Out[7]:

	company_name	salary	site	year	edu	job_name	job_type
0	中国电信云	20-40K·17薪	北京 海淀区 西山	经验不限	本科	Python	python
1	奇虎360	10-20K·15薪	北京 朝阳区 酒仙桥	3-5年	大专	Python数据分析师	python
2	VIPKID	20-40K·14薪	北京 朝阳区 十里堡	5-10年	本科	Python	python
3	天阳科技	12-24K	北京 石景山区 八宝山	1-3年	本科	Python工程师	python
4	武汉佰钧成	12-17K	北京 朝阳区 三元桥	3-5年	大专	Python开发	python
...	...	...	...	...	...	...	...
9520	梦之童	8-9K	西安 新城区 解放路	1年以内	大专	医学总监	数据分析
9521	平安普惠	5-10K	西安 雁塔区 唐延路	1年以内	大专	风控	数据分析
9522	耳垂网络科技	15-18K	西安 雁塔区 小寨	1-3年	本科	算法研究员	数据分析
9523	森弗集团	3-6K	西安	经验不限	本科	It技术支持	数据分析
9524	达创	5-8K	西安 未央区 未央路	1年以内	学历不限	策划经理	数据分析

4449 rows × 7 columns

（6）根据"job_name"列筛选出"数据分析"关键词的岗位。

```
In [8]: jobs_df = jobs_df[jobs_df.job_name.str.contains('数据分析')]
        jobs_df
```

Out[8]:

	company_name	salary	site	year	edu	job_name	job_type
1	奇虎360	10-20K·15薪	北京 朝阳区 酒仙桥	3-5年	大专	Python数据分析师	python
8	中睿天下	15-30K	北京 海淀区 上地	3-5年	本科	Python数据分析师	python
24	金泰亚盛	15-17K	北京 顺义区 后沙峪	3-5年	本科	Python数据分析师	python
76	泽创天成	18-35K	北京 朝阳区 望京	5-10年	本科	Python数据分析师	python
130	世通亨奇	12-13K	北京 海淀区 学院路	3-5年	本科	Python数据分析师	python
...	...	...	...	...	...	...	...
9393	宣信立兴	2-4K	西安 未央区 未央路	1年以内	大专	数据分析师	数据分析
9394	思普瑞数码	8-9K	西安 雁塔区 沣惠南路	1-3年	本科	数据分析师	数据分析
9395	中邮速递易	6-8K	西安 雁塔区 唐延路	1-3年	本科	数据分析师	数据分析
9396	斯维智能	5-9K	西安 雁塔区 高新路	应届生	本科	数据分析师	数据分析
9397	长安信托	6-8K	西安 雁塔区 高新路	经验不限	学历不限	数据分析师	数据分析

2039 rows × 7 columns

数据经过进一步筛选后，减少为 2039 行 7 列。

（7）将"site"列拆分成 3 个列及重排索引。

由于需要提取出各个城市的名称，用于统计各个城市关于"数据分析"岗位相关信息，因此将"site"列拆分成 3 列。

```
In [9]: # 以空格为分隔符，将"site"列拆分成3列
        site_df = jobs_df.site.str.split(' ', expand=True)
        # 将拆分的列添加到jobs_df中
        jobs_df[['city', 'district', 'street']] = site_df
        # 删除"site"列
        jobs_df.drop(columns=['site'], inplace=True)
        # 重排索引并删除旧的索引
        jobs_df = jobs_df.reset_index(drop=True)
        jobs_df
```

Out[9]:

	company_name	salary	year	edu	job_name	job_type	city	district	street
0	奇虎360	10-20K 15薪	3-5年	大专	Python数据分析师	python	北京	朝阳区	酒仙桥
1	中睿天下	15-30K	3-5年	本科	Python数据分析师	python	北京	海淀区	上地
2	金泰亚盛	15-17K	3-5年	本科	Python数据分析师	python	北京	顺义区	后沙峪
3	泽创天成	18-35K	5-10年	本科	Python数据分析师	python	北京	朝阳区	望京
4	世通亨奇	12-13K	3-5年	本科	Python数据分析师	python	北京	海淀区	学院路
...	...	...	...	...	...	...	...	...	...
2034	直信立兴	2-4K	1年以内	大专	数据分析师	数据分析	西安	未央区	未央路
2035	思普瑞数码	8-9K	1-3年	本科	数据分析师	数据分析	西安	雁塔区	沣惠南路
2036	中邮速递易	6-8K	1-3年	本科	数据分析师	数据分析	西安	雁塔区	唐延路
2037	斯维智能	5-9K	应届生	本科	数据分析师	数据分析	西安	雁塔区	高新路
2038	长安信托	6-8K	经验不限	学历不限	数据分析师	数据分析	西安	雁塔区	高新路

2039 rows × 9 columns

（8）使用正则表达式抽取"salary"列中的最大值与最小值。

```
In [10]: salary_df=jobs_df.salary.str.extract(r'(\d+)-(\d+)').applymap(int)
         jobs_df[['min_salary', 'max_salary']] = salary_df
         jobs_df.drop(columns=['salary'], inplace=True)
         jobs_df
```

Out[10]:

	company_name	year	edu	job_name	job_type	city	district	street	min_salary	max_salary
0	奇虎360	3-5年	大专	Python数据分析师	python	北京	朝阳区	酒仙桥	10	20
1	中睿天下	3-5年	本科	Python数据分析师	python	北京	海淀区	上地	15	30
2	金泰亚盛	3-5年	本科	Python数据分析师	python	北京	顺义区	后沙峪	15	17
3	泽创天成	5-10年	本科	Python数据分析师	python	北京	朝阳区	望京	18	35
4	世通亨奇	3-5年	本科	Python数据分析师	python	北京	海淀区	学院路	12	13
...	...	...	...	...	...	...	...	...	...	...
2034	直信立兴	1年以内	大专	数据分析师	数据分析	西安	未央区	未央路	2	4
2035	思普瑞数码	1-3年	本科	数据分析师	数据分析	西安	雁塔区	沣惠南路	8	9
2036	中邮速递易	1-3年	本科	数据分析师	数据分析	西安	雁塔区	唐延路	6	8
2037	斯维智能	应届生	本科	数据分析师	数据分析	西安	雁塔区	高新路	5	9
2038	长安信托	经验不限	学历不限	数据分析师	数据分析	西安	雁塔区	高新路	6	8

2039 rows × 10 columns

（9）使用 mean()函数计算出"salary"列的均值。

```
In [11]: # 按DataFrame的1轴方向求均值
         jobs_df['salary']=jobs_df[['min_salary','max_salary']].mean(axis=1)
         jobs_df.drop(columns=['min_salary','max_salary'], inplace=True)
         jobs_df
```

Out[11]:

	company_name	year	edu	job_name	job_type	city	district	street	salary
0	奇虎360	3-5年	大专	Python数据分析师	python	北京	朝阳区	酒仙桥	15.0
1	中嘉天下	3-5年	本科	Python数据分析师	python	北京	海淀区	上地	22.5
2	金泰亚盛	3-5年	本科	Python数据分析师	python	北京	顺义区	后沙峪	16.0
3	择创天成	5-10年	本科	Python数据分析师	python	北京	朝阳区	望京	26.5
4	世通亨奇	3-5年	本科	Python数据分析师	python	北京	海淀区	学院路	12.5
...	...	...	...	...	...	...	...	...	...
2034	直信立兴	1年以内	大专	数据分析师	数据分析	西安	未央区	未央路	3.0
2035	思普瑞数码	1-3年	本科	数据分析师	数据分析	西安	雁塔区	沣惠南路	8.5
2036	中邮速递易	1-3年	本科	数据分析师	数据分析	西安	雁塔区	唐延路	7.0
2037	斯维智能	应届生	本科	数据分析师	数据分析	西安	雁塔区	高新路	7.0
2038	长安信托	经验不限	学历不限	数据分析师	数据分析	西安	雁塔区	高新路	7.0

3. 分析不同城市"数据分析"岗位的需求情况

为了更好地了解不同城市"数据分析"岗位的需求情况，我们可以对该岗位招聘公司的总数进行统计，如果想要直观地看到岗位需求情况，则可以将统计的数据绘制成一个柱形图。

（1）统计每个城市有多少公司招聘"数据分析"岗位。

```
In [12]: jobs_counts = jobs_df.city.value_counts()
         jobs_counts
Out[12]: 广州     305
         杭州     300
         上海     300
         深圳     300
         北京     297
         南京     219
         成都     128
         武汉     117
         西安      73
         Name: city, dtype: int64
```

上述统计方法也可以使用 groupby()函数实现。

```
jobs_df.groupby('city').company_name.count().sort_values(ascending=False)
```

或者以 DataFrame 的方式呈现。

```
jobs_df.groupby('city')[['company_name']].count().sort_values(by= \
'company_name', ascending=False)
```

（2）绘制不同城市"数据分析"岗位需求柱形图。

```
In [13]: %config InlineBackend.figure_format = 'svg'   # 绘制矢量图
         plt.rcParams['font.sans-serif'] = ['SimHei']  # 解决中文文本框中的文字
         plt.bar(jobs_counts.index,jobs_counts.values,0.5,label="公司数量")
         # 为柱形图添加文本数据标签
         for a, b in zip(jobs_counts.index,jobs_counts.values):
             plt.text(a, b, b, ha='center', va='bottom', fontsize=10)
         plt.legend()
         plt.title("不同城市"数据分析"相关岗位需求情况", size=12)
         plt.show()
```

Out[13]:

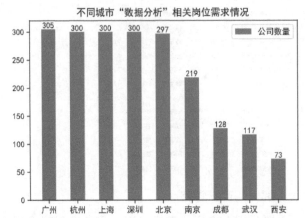

从输出结果可以看出，广州、杭州、上海、深圳和北京对应的柱形条最高，平均需求量大约为 300 个，说明这几个城市对"数据分析"相关岗位的需求较大。

4．分析"数据分析"岗位的学历要求

为了更好地了解"数据分析"岗位的学历要求，需要了解不同学历的占比情况。我们将对招聘该岗位公司所需学历进行汇总，并将其绘制成分离型饼图。

（1）查看"edu"列数据的学历类型。

```
In [14]: print(jobs_df.edu.unique())
Out[14]: ['专科' '本科' '博士' '硕士' '学历不限' '高中' '中专']
```

（2）整合"edu"列数据类型。

将"高中"和"中专"合并到"学历不限"。

```
In [15]: jobs_df['edu'] = jobs_df.edu.replace('中专', '学历不限') \
         .replace('高中', '学历不限')
         print(jobs_df.edu.unique())
Out[15]: ['专科' '本科' '博士' '硕士' '学历不限']
```

（3）统计不同学历"数据分析"岗位的薪资。

```
In [16]: jobs_df.groupby('edu').salary.mean().round(1)
Out[16]: edu
         博士        32.8
         专科         9.9
         学历不限      11.3
         本科        17.5
         硕士        20.7
         Name: salary, dtype: float64
```

（4）统计不同学历"数据分析"岗位的公司需求量。

```
In [17]: jobs_df['edu'].value_counts()
         Out[17]: 本科        1567
         专科         279
         硕士         116
         学历不限        72
```

```
           博士              5
           Name: edu, dtype: int64
```

（5）绘制"数据分析"岗位不同学历占比分离型饼图。

```
In [18]: edu_counts = jobs_df['edu'].value_counts()
         plt.figure(figsize = (6, 6))
         explodes = [0.03,0.02,0.02,0.02,0.08]
         plt.pie(x = edu_counts.values,
                 labels = edu_counts.index,
                 explode = explodes,
                 autopct = '%3.1f%%',        # 控制分离型饼图内百分比设置
                 shadow = False,
                 startangle = 90,            # 设置分离型起始的绘制角度（逆时针方向）
                 radius = 1.0,               # 设置分离型饼图半径，默认值为1
                 # labels标记的绘制位置，相对于半径的比例，默认值为1.1
                 labeldistance = 0.8,
                 counterclock = True)        # 指定指针方向，True为逆时针
         plt.title(""数据分析"岗位不同学历占比情况", size=14)
         plt.tight_layout()
         plt.legend(loc = 1)
         plt.show()
```

Out[18]:

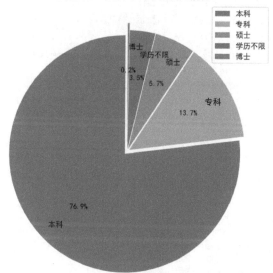

从输出结果可以看出，与"数据分析"相关的岗位本科学历占比最大，其次是专科学历，博士学历占比最小。说明该岗位人才的主力军是本科生和大专生。

5. 分析不同城市"数据分析"岗位的薪资水平

为了更好地了解不同城市"数据分析"岗位的薪资水平，我们需获得不同城市的"数据分析"岗位的薪资平均值。为了更直观地看到不同城市"数据分析"岗位的薪资水平，这里会将统计的数据绘制成一个柱形图，并将获得的平均值标注到柱形条的上方。

（1）以"city"列进行分组计算出"salary"列的均值，降序排列。

```
In [19]: salary_df=jobs_df.groupby('city')[['salary']].mean().round(1) \
         .sort_values(by='salary', ascending=False)
         salary_df
```

Out[19]:

city	salary
北京	22.6
深圳	20.6
上海	19.2
杭州	19.2
广州	12.6
南京	10.7
武汉	10.0
成都	9.3
西安	8.0

（2）数据降维。

使用 reshape(-1)函数将 salary_df 的数据从二维修改为一维。

```
In [20]: y = salary_df.values.reshape(-1)
         y
Out[20]: array([22.6, 20.6, 19.2, 19.2, 12.6, 10.7, 10. , 9.3, 8. ])
```

（3）绘制不同城市"数据分析"岗位平均薪资柱形图。

```
In [21]: plt.bar(salary_df.index,y,0.5,label="平均薪资(K)")
         for a, b in zip(salary_df.index,y):
             plt.text(a, b, b, ha='center', va='bottom', fontsize=10)
         plt.legend()
         plt.title("不同城市"数据分析"岗位的薪资水平", size=12)
         plt.show()
```

Out[21]:

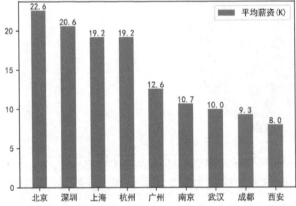

（4）使用聚合函数查看不同城市"数据分析"岗位薪资情况。

```
In [22]: jobs_df.groupby('city')[['salary']].agg([np.amin, np.amax, \
         np.mean, np.var, np.std]).round(1)
```

Out[22]:

	salary				
	amin	amax	mean	var	std
city					
上海	2.5	55.0	19.2	96.5	9.8
北京	1.5	55.0	22.6	122.2	11.1
南京	2.5	65.0	10.7	76.4	8.7
广州	2.5	45.0	12.6	57.9	7.6
成都	2.5	30.0	9.3	24.5	5.0
杭州	2.5	75.0	19.2	126.8	11.3
武汉	2.5	30.0	10.0	29.9	5.5
深圳	3.0	60.0	20.6	117.7	10.8
西安	3.0	22.5	8.0	14.0	3.7

我们通过使用聚合函数构建出来的"数据分析"岗位薪资情况透视表可以看到不同城市的最低工资、最高工资和平均工资。其中，工资的方差和标准差也能够辅助说明岗位薪资波动的情况。方差和标准差都是衡量一个样本波动大小的量。一般来说，方差或标准差越大，数据的波动就越大，即偏离均值的程度就越大。

从输出结果可以看出，北京、杭州和深圳的工资的方差和标准差都比较大。也就是说这 3 个城市的"数据分析"岗位工资水平与平均工资相差较大，薪资离散度高。

5.4　案例实战之年度销售数据分析

扫一扫
看微课

无论是企业或公司还是销售员都应该对产品销售情况有一个全面、客观、真实的了解，通过分析以往的销售数据，总结出销售规律，有针对性地调整销售策略，帮助企业决策者快速精准地对销售情况进行分析，做出实现销售业绩快速增长的决策。本案例将结合来自不同销售渠道销售的不同品牌数据（2020 年销售数据.xlsx）进行分析，使用分组聚合的方法来处理与展现数据。需完成以下操作。

（1）统计月度销售额。

（2）统计品牌年度销售额的占比。

（3）统计各地区的月度销售额。

（4）统计各渠道的品牌销量。

（5）统计不同价格区间商品的月度销量。

1. 数据探查

在进行数据分析前，需要对该年度销售数据进行探索，预先了解其数据结构及相关内容。这里使用 Excel 打开"2020 年销售数据.xlsx"工作簿，该工作簿共包含了 task 和 data 两张工作表，其中，data 工作表部分数据如图 5-4 所示。

	A	B	C	D	E	F	G
1	数据表						
2	销售日期	销售区域	销售渠道	销售订单	品牌	售价	销售数量
3	2020/1/1	上海	拼多多	182894-455	南极人	99	83
4	2020/1/1	上海	抖音	205635-402	南极人	219	29
5	2020/1/1	上海	天猫	205654-021	南极人	169	85
6	2020/1/1	上海	天猫	205654-519	南极人	169	14
7	2020/1/1	上海	天猫	377781-010	鸿星尔克	249	61
8	2020/1/2	上海	京东	543369-010	鸿星尔克	799	68
9	2020/1/2	上海	拼多多	588685-002	鸿星尔克	299	91
10	2020/1/3	上海	天猫	AKLH641-1	ANTA	239	82
11	2020/1/3	上海	天猫	AKLJ013-4	ANTA	219	57
12	2020/1/3	上海	京东	AKLJ041-2	ANTA	269	57
13	2020/1/3	上海	实体	AWDJ099-2	ANTA	339	30
14	2020/1/3	上海	拼多多	D86971	易妆	369	36
15	2020/1/3	上海	抖音	F76715	易妆	329	47
16	2020/1/3	上海	天猫	FT001-N10	南极人	699	50
17	2020/1/4	上海	天猫	AUBJ002-1	ANTA	159	77
18	2020/1/4	上海	京东	AYMH063-2	ANTA	699	14
19	2020/1/4	上海	实体	FT001-N10	南极人	699	15
20	2020/1/4	上海	天猫	G70726	易妆	929	26
21	2020/1/4	上海	天猫	X21059	易妆	399	30
22	2020/1/4	北京	京东	182721-050	南极人	99	29

task data

图 5-4　data 工作表部分数据

（1）模块加载。

```
In [1]: import pandas as pd
        import numpy as np
        import matplotlib.pyplot as plt
        plt.rcParams['font.sans-serif'] = ['SimHei']
        %config InlineBackend.figure_format = 'svg'
```

（2）加载外部数据表，构建 DataFrame 用于数据分析。

```
In [2]: sales_df = pd.read_excel('data/2020年销售数据.xlsx', header=1, \
        sheet_name='data')
        sales_df
```

Out[2]:

	销售日期	销售区域	销售渠道	销售订单	品牌	售价	销售数量
0	2020-01-01	上海	拼多多	182894-455	南极人	99	83
1	2020-01-01	上海	抖音	205635-402	南极人	219	29
2	2020-01-01	上海	天猫	205654-021	南极人	169	85
3	2020-01-01	上海	天猫	205654-519	南极人	169	14
4	2020-01-01	上海	天猫	377781-010	鸿星尔克	249	61
...	...	...	...	...	...	...	...
1940	2020-12-30	北京	京东	D89677	易妆	269	26
1941	2020-12-30	福建	实体	182719-050	南极人	79	97
1942	2020-12-31	福建	实体	G70083	易妆	269	55
1943	2020-12-31	福建	抖音	211471-902/704	南极人	59	59
1944	2020-12-31	福建	天猫	211807-050	南极人	99	27

1945 rows × 7 columns

（3）查看 DataFrame 数据摘要信息。

```
In [3]: sales_df.info()
Out[3]: <class 'pandas.core.frame.DataFrame'>
        RangeIndex: 1945 entries, 0 to 1944
        Data columns (total 7 columns):
```

```
      #    Column  Non-Null Count  Dtype
      ---  ------  --------------  -----
      0    销售日期  1945 non-null   datetime64[ns]
      1    销售区域  1945 non-null   object
      2    销售渠道  1945 non-null   object
      3    销售订单  1945 non-null   object
      4    品牌     1945 non-null   object
      5    售价     1945 non-null   int64
      6    销售数量  1945 non-null   int64
dtypes: datetime64[ns](1), int64(2), object(4)
memory usage: 106.5+ KB
```

从输出结果可以看出，该数据表无缺失值。

（4）查看 DataFrame 是否有重复值。

```
In [4]: sales_df[sales_df.duplicated().values==True].count()
Out[4]: 销售日期    0
        销售区域    0
        销售渠道    0
        销售订单    0
        品牌      0
        售价      0
        销售数量    0
        dtype: int64
```

从输出结果可以看出，该数据表无重复值。

2. 统计月度销售额

（1）统计每条记录的销售额。

```
In [5]: sales_df['销售额'] = sales_df.售价 * sales_df.销售数量
        sales_df
```

Out[5]:

	销售日期	销售区域	销售渠道	销售订单	品牌	售价	销售数量	销售额
0	2020-01-01	上海	拼多多	182894-455	南极人	99	83	8217
1	2020-01-01	上海	抖音	205635-402	南极人	219	29	6351
2	2020-01-01	上海	天猫	205654-021	南极人	169	85	14365
3	2020-01-01	上海	天猫	205654-519	南极人	169	14	2366
4	2020-01-01	上海	天猫	377781-010	鸿星尔克	249	61	15189
...	...	...	...	...	...	...	...	...
1940	2020-12-30	北京	京东	D89677	易妆	269	26	6994
1941	2020-12-30	福建	实体	182719-050	南极人	79	97	7663
1942	2020-12-31	福建	实体	G70083	易妆	269	55	14795
1943	2020-12-31	福建	抖音	211471-902/704	南极人	59	59	3481
1944	2020-12-31	福建	天猫	211807-050	南极人	99	27	2673

1945 rows × 8 columns

（2）根据"销售日期"列提取出"月份"列。

```
In [6]: sales_df['月份'] = sales_df.销售日期.dt.month
        sales_df.drop(columns="销售日期",inplace=True)
        sales_df
```

Out[6]:

	销售区域	销售渠道	销售订单	品牌	售价	销售数量	销售额	月份
0	上海	拼多多	182894-455	南极人	99	83	8217	1
1	上海	抖音	205635-402	南极人	219	29	6351	1
2	上海	天猫	205654-021	南极人	169	85	14365	1
3	上海	天猫	205654-519	南极人	169	14	2366	1
4	上海	天猫	377781-010	鸿星尔克	249	61	15189	1
...	...	...	...	...	...	...	...	...
1940	北京	京东	D89677	昂攻	269	26	6994	12
1941	福建	实体	182719-050	南极人	79	97	7663	12
1942	福建	实体	G70083	昂攻	269	55	14795	12
1943	福建	抖音	211471-902/704	南极人	59	59	3481	12
1944	福建	天猫	211807-050	南极人	99	27	2673	12

1945 rows × 8 columns

（3）绘制月度销售额折线图。

```
In [7]: # 使用分组聚合函数计算每个月的销售总额
        ser1 = sales_df.groupby('月份')['销售额'].sum()
        plt.figure(figsize = (8, 4))
        # 绘制折线图
        plt.plot(ser1,'ok-',label='销售额/(百万)')
        # 设置横坐标的刻度
        plt.xticks(np.arange(1, 13),
                    labels=['{}月'.format(x) for x in range(1, 13)])
        # 设置纵坐标的刻度
        plt.yticks(np.arange(1000000, 6000001, 500000))
        plt.legend()
        plt.title("月度销售额折线图", size=14)
        plt.savefig('pic/sales_plot.png')
        plt.show()
```

Out[7]:

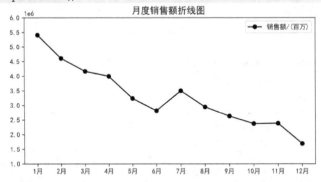

从输出结果可以看出，销售业绩呈现明显下滑趋势，虽然在 7 月时销售额有小幅度提高，但总体销售业绩依然不好，还需要深挖其内在原因。

3. 统计品牌年度销售额的占比

（1）使用分组聚合函数统计品牌年度销售额。

```
In [8]: ser2 = sales_df.groupby('品牌')['销售额'].sum()
        ser2
Out[8]: 品牌
        ANTA        4678979
```

```
        南极人        5334646
        易妆          21173032
        百草味        693159
        鸿星尔克       7892271
        Name: 销售额, dtype: int64
```

（2）绘制品牌年度销售额占比饼图。

```
In [9]: plt.figure(figsize = (6, 6))
        plt.pie(x = ser2,
                labels = ser2.index,
                autopct = '%.2f%%',
                radius=0.9,
                pctdistance=0.8,
                startangle = 90)
        plt.title("品牌年度销售额占比饼图", size=14)
        plt.tight_layout()
        plt.legend(loc = 2)
        plt.savefig('pic/sales_pie.png')
        plt.show()
```

Out[9]:

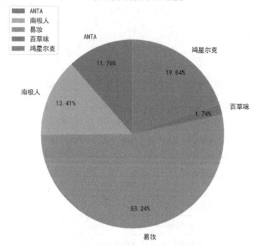

从输出结果可以看出，"易妆"销售额最大，占比超过了50%，"百草味"销售额最低，占比仅为1.74%。因此，针对"百草味"，我们需要调整一下销售策略，提高市场占有率。

4．统计各地区的月度销售额

（1）查看"销售区域"名称。

```
In [10]: print(sales_df.销售区域.unique())
Out[10]: ['上海' '北京' '福建' '广东' '浙江' '安徽' '江苏' '南京']
```

从输出结果可以看出，销售区域是以省或直辖市为单位划分归属地的，南京是江苏省的一个城市，需要将其归并。

（2）将"销售区域"合并到同一归属地。

```
In [11]: sales_df['销售区域'] = sales_df.销售区域.replace('南京', '江苏')
```

```
              print(sales_df.销售区域.unique())
Out[11]: ['上海' '北京' '福建' '广东' '浙江' '安徽' '江苏']
```

（3）使用分组聚合函数查看各省市的月度销售额。

```
In [12]: sales_df.groupby(['销售区域', '月份'])[['销售额']].sum()
         # 或者使用矩阵转置展示
         # pd.set_option('display.max_columns', 100)  # 设置最大显示列数
         # sales_df.groupby(['销售区域', '月份'])[['销售额']].sum().T
```

由于输出的结果数据太长，不方便观看。下面通过数据透视表重新展示。

（4）使用数据透视表查看各省市的月度销售额。

数据透视表是数据分析中常用的工具之一，根据一个或多个"键-值"对数据进行聚合，根据行或列的分组键将数据划分到各个区域。在 Pandas 中，除了可以使用 groupby()函数对数据分组聚合实现透视功能，还可以使用 pivot_table()函数实现。

pivot_table()函数的语法格式如下：

```
pandas.pivot_table( data,
                    index=None,
                    columns=None,
                    values=None,
                    aggfunc='mean',
                    fill_value=None,
                    margins=False,
                    dropna=True,
                    margins_name='All' )
```

pivot_table()函数的常用参数及其说明如表 5-1 所示。

表 5-1　pivot_table()函数的常用参数及其说明

参数	说明
data	接收 DataFrame，表示创建表的数据
index	接收 string 或 list，表示行分组键，默认值为 None
columns	接收 string 或 list，表示列分组键，默认值为 None
values	要聚合的列，在默认情况下对所有数值型变量聚合，默认值为 None
aggfunc	聚合函数，对 values 进行计算，默认值为 mean
fill_value	用于替换缺失值的值（在聚合后生成的数据透视表中），默认值为 None
margins	接收 boolearn，表示汇总（Total）功能的开关，当值为 True 时，结果集中会出现名为"ALL"的行和列，默认值为 False
dropna	接收 boolearn，表示是否删除全为 NaN 的列，默认值为 False
margins_name	分类统计的名称

```
In [13]: pd.pivot_table( sales_df,              # DataFrame表的数据
                         index=['销售区域'],      # 行分组键
                         columns=['月份'],        # 列分组键
                         values=['销售额'],        # 需要聚合的数据
                         aggfunc=np.sum,          # 聚合方式（求和）
```

```
                    fill_value=0,              # 空值自动填充为0
                    margins=True,              # 打开汇总功能开关
                    margins_name='总计')        # 分类统计的名称
```

Out[13]:

销售额

月份 销售区域	1	2	3	4	5	6	7	8	9	10	11	12	总计
上海	1679125	1689527	1061193	1082187	841199	785404	863906	734937	1107693	412108	825169	528041	11610489
北京	1878234	1807787	1360666	1205989	807300	1216432	1219083	645727	390077	671608	678668	596146	12477717
安徽	0	0	0	341308	554155	0	0	0	0	0	0	0	895463
广东	0	0	388180	0	0	0	0	469390	365191	0	395188	0	1617949
江苏	0	0	0	537079	0	0	841032	0	0	710962	0	215307	2304380
浙江	0	0	248354	0	0	0	0	439508	0	0	0	0	687862
福建	1852496	1111141	1106579	830207	1036351	816100	577283	658627	769990	580707	486258	352479	10178227
总计	5409855	4608455	4164972	3996770	3239005	2817936	3501304	2948189	2632960	2375385	2385283	1691973	39772087

从输出结果可以看出，使用数据透视表来观察数据就非常直观、方便。此外，我们还可以自行调试相关参数，从而达到不同的数据透视效果。

5. 统计各渠道的品牌销量

（1）使用数据透视表查看各渠道的品牌销量。

```
In [14]: brand_df = pd.pivot_table(sales_df,
                                   index='销售渠道',
                                   columns='品牌',
                                   values='销售数量',
                                   aggfunc='sum')

         brand_df
```

Out[14]:

品牌 销售渠道	ANTA	南极人	易妆	百草味	鸿星尔克
京东	3199	5428	9072	733	3090
天猫	4824	9416	15881	926	5960
实体	2174	3600	4991	462	2684
抖音	2065	2978	4966	541	1995
拼多多	3119	5722	9088	719	3750

（2）绘制各渠道品牌销量柱形图。

```
In [15]: brand_df.plot(kind='bar', figsize=(6, 4))
         plt.xticks(rotation=0)   # 将横轴刻度的文字旋转到0°
         plt.ylabel('销售数量')
         plt.title("不同渠道的品牌销量", size=14)
         plt.show()
```

Out[15]:

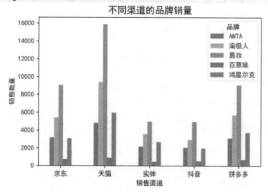

6. 统计不同价格区间商品的月度销量

（1）获取"售价"列的描述性统计信息。

```
In [16]: sales_df[['售价']].describe().round(2)
Out[16]:
              售价
count    1945.00
mean      375.44
std       239.89
min        59.00
25%       199.00
50%       329.00
75%       469.00
max      1499.00
```

根据"售价"列的统计信息，我们将价格区间定为 200 元以下的为低端商品，200～500 元（不含 500 元）的为中端商品，500 元及以上的为高端商品。

（2）依据价格区间定制商品的低端、中端、高端 3 种档次。

```
In [17]: label = ['低端', '中端', '高端']
         bins = [0, 200, 500, 1500]    # 自定义价格区间
         # 数据分箱，根据商品的价格把商品分到不同的区间段
         category = pd.cut(sales_df.售价, bins, right=False, labels=label)
         sales_df['档次'] = category
         sales_df.head(6)
```

Out[17]:

	销售区域	销售渠道	销售订单	品牌	售价	销售数量	销售额	月份	档次
0	上海	拼多多	182894-455	南极人	99	83	8217	1	低端
1	上海	抖音	205635-402	南极人	219	29	6351	1	中端
2	上海	天猫	205654-021	南极人	169	85	14365	1	低端
3	上海	天猫	205654-519	南极人	169	14	2366	1	低端
4	上海	天猫	377781-010	鸿星尔克	249	61	15189	1	中端
5	上海	京东	543369-010	鸿星尔克	799	68	54332	1	高端

（3）使用数据透视表查看不同"档次"的商品月度销量情况。

```
In [18]: grade_df = pd.pivot_table(sales_df,
                                   index='档次',
                                   columns='月份',
                                   values='销售数量',
                                   aggfunc='sum')
         grade_df
```

Out[18]:

月份	1	2	3	4	5	6	7	8	9	10	11	12
档次												
低端	2626	2664	2629	2719	3082	2486	2213	2093	2054	2351	2796	2339
中端	7292	6521	6909	6017	4848	4421	4909	3967	3767	3925	4046	3255
高端	2977	2200	1700	1534	1355	1097	1964	1381	1419	949	675	223

（4）绘制不同"档次"的商品月度销量柱形图。

```
In [19]: grade_df.plot(kind='bar', figsize=(8, 4))
         plt.xticks(rotation=0)
         plt.ylabel('商品价格（元）')
```

```
            plt.title("不同"档次"的商品月度销量情况", size=14)
            plt.show()
```
Out[19]:

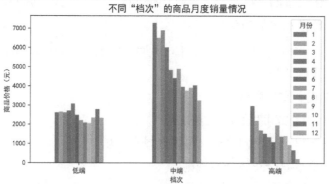

　　结合上述数据透视表和柱形图可以看出，客户的消费金额主要集中在 200～500 元，商品的销量也是最多的；低端商品销量比较稳定，全年 12 个月变化都不大；高端商品由于价位较高，且受月份影响较大。通过以上数据分析，各品牌可以依据自身情况及时调整商品的销售策略，才能扭亏为盈。

本章小结

　　数据清理是数据分析过程中非常重要的一个环节，只有拥有质量较高的"干净"数据才能较好地对数据进行分析及可视化。本章首先介绍了常见数据问题的处理方式，缺失值、重复值、异常值的检测与处理。读者通过二手房数据清理案例可以学习数据清洗的基本方法及清洗流程。其次介绍了"数据分析"岗位需求和年度销售数据两个数据分析及可视化案例。读者通过这两个案例可以学习如何使用数据透视方式来观测数据，以及如何使用 Pandas 和 Matplotlib 库处理与展现数据。

本章习题

一、单选题

1．下列关于数据预处理的说法错误的是（　　　　）。

A．初始数据直接被应用可能会导致分析结果出现偏差

B．数据预处理占据整个挖掘工作的 60%

C．数据预处理只负责处理"脏"数据

D．数据预处理是数据分析或挖掘前的准备工作

2．下列选项中同一数据多次出现问题的是（　　　　）

A．数据重复　　　　　　B．数据异常　　　　　　C．数据缺失　　　　　　D．数据冗余

3．下列选项中负责将多个数据源合并成一个数据源的是（　　　　）。

A．数据清理　　　　　　B．数据变换　　　　　　C．数据规约　　　　　　D．数据集成

4．下列选项中用于检测缺失值的函数是（　　　）。

A．notna()　　　　　　B．isna()　　　　　　C．isnull()　　　　　　D．以上均是

5．下列选项中用于删除缺失值的函数是（　　　）。

A．dropna()　　　　　　B．drop_na()　　　　　　C．delete_na()　　　　　　D．deletena()

6．下列选项中描述不正确的是（　　　）。

A．数据清理的目的是提高数据质量

B．使用 drop_duplicates()函数可以删除重复数据

C．在填充数据时，既可以选择前向填充又可以选择后向填充

D．箱形图检测的数据需要符合正态分布规则

7．下列选项中描述正确的是（　　　）。

A．任何数据均可以使用 3σ 原则检测异常值

B．任何数据均可以使用箱形图检测异常值

C．异常值只在箱形图下边缘以外的位置出现

D．箱形图中的异常值范围为大于 Q1-1.5IQR 或小于 Q3+1.5IQR

8．使用其本身可以达到数据透视功能的函数是（　　　）。

A．groupby()　　　　B．pivot_table()　　　　C．transform()　　　　D．crosstab()

9．当使用 pivot_table()函数制作透视表时，用于参数设置列分组键的参数是（　　　）。

A．index　　　　　　B．values　　　　　　C．columns　　　　　　D．margins

二、填空题

1．数据清理过程中常遇到的数据问题有缺失、＿＿＿＿＿＿＿＿＿和＿＿＿＿＿＿＿＿。

2．重复值产生的原因主要有＿＿＿＿＿＿＿＿和＿＿＿＿＿＿＿＿。

3．在 Pandas 中，缺失值可以使用＿＿＿＿＿＿＿＿和表示＿＿＿＿＿＿＿＿。

4．数据清理的目的是让数据具有完整性、唯一性、权威性、＿＿＿＿＿＿和＿＿＿＿＿＿。

5．插补缺失值是通过＿＿＿＿＿＿＿＿填充缺失值。

6．修改数据中参数"inplace"的含义是＿＿＿＿＿＿＿＿＿＿＿＿＿＿＿＿＿＿＿＿＿＿＿＿。

7．Pandas 中 applymap()函数的作用是＿＿＿＿＿＿＿＿＿＿＿＿＿＿＿＿＿＿＿＿＿＿＿。

8．在 Pandas 中绘图时可只使用 plot()函数，具体绘图可以使用参数＿＿＿＿＿＿设置。

三、判断题

1．重复值没有任何使用价值。（　　　）

2．只要是异常值就必须删除。（　　　）

3．缺失值一定会被删除。（　　　）

4．fillna()函数仅可以使用指定数据填充。（　　　）

5．利用 3σ 原则与箱形图可以检测数据中的异常值。（　　　）

6．数据清洗的基本操作除了包括处理缺失值和异常值，包括删除噪声数据与挖掘主题无关的数据。　　　　　　　　　　　　　　　　　　　　　　　（　　）

7．四分位距离（IQR）是指上四分位数（或下四分位数）与中位数之间的距离。

　　　　　　　　　　　　　　　　　　　　　　　　　　　　　（　　）

四、简答题

1．简述数据清理中常见的数据问题及如何处理。

2．简述 3σ 原则与箱形图检测异常的区别。

3．简述异常值的定义；在什么情况下需要保留异常值，请举例说明。

五、操作题

1．现有一份保存了 1000 个值的 number.xlsx 文件。使用 Python 编写程序，对 number.xlsx 文件完成以下操作。

（1）检测 number.xlsx 文件中的数据是否有缺失值，如果有缺失值，则使用线性插值法进行填充。

（2）使用箱形图检测 number.xlsx 文件中的数据是否有异常值，如果有异常值，则删除异常值。

（3）将清洗完成的数据另存为 number_new.xlsx 文件。

2．现有一份消费数据文件 tips.xls，请对该文件进行数据分析及可视化。由于 tips.xls 文件中的数据不全，如有缺失值、单词拼写错误等，需要对数据进行预处理，对清洗完成的数据另存为 tips_new.csv 文件。使用 Python 编写程序，对 tips.xls 文件完成以下操作。

（1）修改用餐时间段"time"列中拼写错误的单词。

（2）缺失值处理。删除一行有两个及以上缺失值的数据；删除性别、星期、是否抽烟和聚餐时间为空的行；聚餐人数的缺失值用均值填充，四舍五入（不保留小数）；剩余的缺失值用均值填充，四舍五入，保留 2 位小数。

（3）将预处理好的数据另存为 CSV 文件，保存到当前工作目录下。

（4）添加"人均消费"列，将其命名为"per_mean"。

（5）查询抽烟男性中人均消费不少于 25 元的数据。

（6）绘制散点图，分析小费与总金额的关系。

（7）分析男女顾客哪个更慷慨，通过分组查看男性还是女性平均给的小费更多。

（8）绘制直方图，分析星期与小费的关系。

（9）绘制直方图，分析性别与抽烟对慷慨度的影响。

（10）绘制直方图，分析聚餐时间与小费数额的关系。

第**6**章

HTML 表格数据及 JSON 数据处理与分析案例实战

学习目标

- 学会通过网络获取网页表格数据。
- 学会对 JSON 格式文件进行处理与分析。
- 掌握自定义函数的方法和使用。
- 学会对"软科中国大学排名"网站数据进行处理、分析与可视化。
- 学会对 OpenWeather 气象网站数据进行处理与分析。
- 学会处理 JSON 格式文件的病例数据,以及对其进行可视化处理。

目前,几乎世界上所有的公司都在利用网络传递商业信息、进行商业活动,从宣传公司、发布广告、招聘员工、传递商业文件乃至拓展市场、网上销售等,无所不能。越来越多的企业、学校、政府机构纷纷建立了自己的网站,通过它来发布想要公开的资讯、宣传公司、发布产品信息等,其中,这些网页信息可能就包含大量规范的表格数据或结构化的 JSON 数据。本章通过"软科中国大学排名"公布的数据、OpenWeather 网站提供的开放气象数据和"某类疾病感染人群"的病例数据,分别介绍如何使用 Pandas 模块对 HTML 表格数据和 JSON 数据进行处理与分析。

扫一扫
看微课

6.1 案例实战之 2022 年软科中国大学排名数据处理与分析

"软科中国大学排名"的前身是"中国最好大学排名",自 2015 年首次发布以来,以专业、客观、透明的优势赢得了高等教育领域内外的广泛关注和认可,已经成为具有重要社会影响力和权威参考价值的中国大学排名领先品牌。"软科中国大学排名"以服务中国高等教育发展和进步为导向，依托自主研发的高等教育评价专利技术和"大学 360 度数据监测平台"的大数据支持，采用数百项指标变量对中国大学进行全方位、体系化、监测式评价，向学生、家长和全社会提供及时、可靠、丰富的高校可比信息。

本案例将获取"软科中国大学排名"发布的"中国大学排名（主榜）"首页表格数据中排名前 30 的高校作为基础数据，并利用 Pandas 和 Matplotlib 库处理与展现数据。需完成以下操作。

（1）数据获取，通过网络获取公开的 HTML 表格数据。

（2）数据预处理相关工作，如字段更名和数据选取等。

（3）绘制高校总分排名前 10 的柱形图。

（4）绘制高校总分排名前 30 各地区大学占比饼图。

（5）绘制在高校总分排名前 30 大学占比中排名前 8 的地区分离型饼图。

1．数据探查

在进行数据分析前，需要对整体数据进行探索，预先了解数据结构及其相关信息。这里使用浏览器打开"软科中国大学排名"网站下的"中国大学排名（主榜）"页面，查看其内容，表格部分数据如图 6-1 所示。

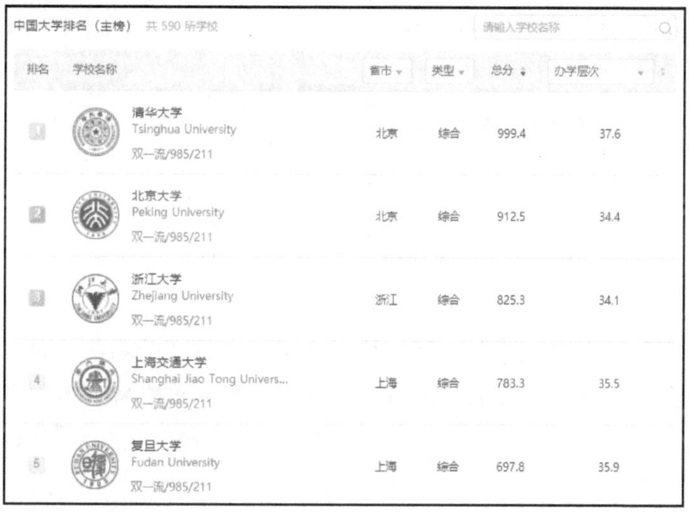

图 6-1　"中国大学排名（主榜）"页面部分数据

观察网页内容可知，表格中并非每列数据都与此次数据分析目标有关，这里只需保留与数据分析目标相关的部分列数据即可。

（1）模块加载。

```
In [1]: import pandas as pd
        import matplotlib.pyplot as plt
```

```
        plt.rcParams['font.sans-serif'] = 'SimHei'
```

（2）从网页中获取表格数据。

```
In [2]: web = pd.read_html('https://www.shanghairanking.cn/rankings/bcur/
        2022', encoding = 'utf8')
        df = web[0]
        df.head()
```

Out[2]:

	排名	学校名称	Unnamed: 2	Unnamed: 3	总分	Unnamed: 5
0	1	清华大学 Tsinghua University 双一流/985/211	北京	综合	999.4	37.6
1	2	北京大学 Peking University 双一流/985/211	北京	综合	912.5	34.4
2	3	浙江大学 Zhejiang University 双一流/985/211	浙江	综合	825.3	34.1
3	4	上海交通大学 Shanghai Jiao Tong University 双一流/985/211	上海	综合	783.3	35.5
4	5	复旦大学 Fudan University 双一流/985/211	上海	综合	697.8	35.9

尽管从网站上采集的数据是比较规整的，但是还会存在一些问题，无法直接被应用到数据分析中。从 DataFrame 字段列中发现第 3 列、第 4 列和第 6 列显示为 Unnamed 列，究其原因是对应网页中的标题列是下拉列表导致的。

2．数据预处理

为了增强数据的可用性，还需对获取的数据进行一系列的数据清洗操作。

（1）字段更名。

将 Unnamed 列修改为对应网页中的列名称，以方便后续数据调用及处理。

```
In [3]: df.rename(columns = {'Unnamed: 3':'省市', 'Unnamed: 4':'类型', \
        'Unnamed: 6':'办学层次'}, inplace=True)
        df.head()
```

Out[3]:

	排名	学校名称	省市	类型	总分	办学层次
0	1	清华大学 Tsinghua University 双一流/985/211	北京	综合	999.4	37.6
1	2	北京大学 Peking University 双一流/985/211	北京	综合	912.5	34.4
2	3	浙江大学 Zhejiang University 双一流/985/211	浙江	综合	825.3	34.1
3	4	上海交通大学 Shanghai Jiao Tong University 双一流/985/211	上海	综合	783.3	35.5
4	5	复旦大学 Fudan University 双一流/985/211	上海	综合	697.8	35.9

（2）数据选取。

从"学校名称"列中可以发现，该列数据除了有中英文校名，还有是否属于我国重点扶持大学的相关类型。对于本案例的数据分析只需保留中文校名，其余信息都是多余的。

```
In [4]: df1 = df['学校名称'].str.split(" ",expand=True)     # 空格分隔符
        df1.head()
```

Out[4]:

	0	1	2	3	4	5	6	7	8	9
0	清华大学	Tsinghua	University	双一流/985/211	None	None	None	None	None	None
1	北京大学	Peking	University	双一流/985/211	None	None	None	None	None	None
2	浙江大学	Zhejiang	University	双一流/985/211	None	None	None	None	None	None
3	上海交通大学	Shanghai	Jiao	Tong	University	双一流/985/211	None	None	None	None
4	复旦大学	Fudan	University	双一流/985/211	None	None	None	None	None	None

从数据框 df1 中可以发现，第 1 列的数据正是我们需要的中文校名，将该列数据写回数据框 df 中即可。

```
In [5]: df['学校名称'] = df1[0]
```

```
        df.head()
```

Out[5]:

	排名	学校名称	省市	类型	总分	办学层次
0	1	清华大学	北京	综合	999.4	37.6
1	2	北京大学	北京	综合	912.5	34.4
2	3	浙江大学	浙江	综合	825.3	34.1
3	4	上海交通大学	上海	综合	783.3	35.5
4	5	复旦大学	上海	综合	697.8	35.9

　　选取 DataFrame 中参与数据分析的列数据并删除多余的列数据。本案例删除 "类型" 列。

```
In [6]: df.drop(columns = "类型", inplace = True)
        df.head()
```

Out[6]:

	排名	学校名称	省市	总分	办学层次
0	1	清华大学	北京	999.4	37.6
1	2	北京大学	北京	912.5	34.4
2	3	浙江大学	浙江	825.3	34.1
3	4	上海交通大学	上海	783.3	35.5
4	5	复旦大学	上海	697.8	35.9

　　（3）查看 DataFrame 数据摘要信息。

```
In [7]: df.info()
Out[7]: <class 'pandas.core.frame.DataFrame'>
        RangeIndex: 30 entries, 0 to 29
        Data columns (total 5 columns):
         #   Column      Non-Null Count    Dtype
        ---  ------      --------------    -----
         0   排名         30 non-null      int64
         1   学校名称     30 non-null      object
         2   省市         30 non-null      object
         3   总分         30 non-null      float64
         4   办学层次     30 non-null      float64
        dtypes: float64(2), int64(1), object(2)
        memory usage: 1.3+ KB
```

　　从输出结果可以看出，数据共有 30 行 5 列，无缺失值，数据类型符合要求，可用于数据分析。

3. 绘制高校总分排名前 10 的柱形图

```
In [8]: %config InlineBackend.figure_format = 'svg'   # 绘制矢量图
        plt.figure(figsize=(9,6))
        # 总分从高到低排列
        df_score = df.sort_values('总分', ascending=False)
        name = df_score.学校名称[:10]    # 获取排名前10高校的名称
        score = df_score.总分[:10]       # 获取排名前10高校的总分
        # 绘制柱形图，使用range()函数保持顺序一致
        plt.bar(range(10), score, 0.5, tick_label=name)
        # Y轴坐标取值范围
        plt.ylim(min(df_score.总分), max(df_score.总分)+40)
```

```
plt.title("2022年中国大学排名（主榜）TOP10", color="#6D6D6D", \
size=18)
plt.ylabel("评分",rotation=90,size=14)
plt.xlabel("学校名称", size=14)
# 为柱形图添加文本数据标签
for x, y in enumerate(list(score)):
    plt.text(x, y + 5, '%s' % round(y, 1), ha='center',size=12)
plt.xticks(rotation=30)          # X轴标注文本旋转30°角
plt.tight_layout()               # 去除空白，自动调整子图参数，填充整个图像区域
plt.show()
```

Out[8]:

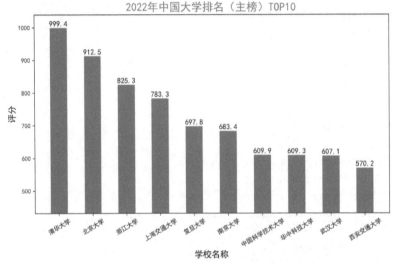

从输出结果可以看出，清华大学与北京大学对应的柱形条最高，总分均超过了 900 分，比排名第 10 的高校高出 400 分左右，是国内名副其实的顶尖学府。

4. 绘制高校总分排名前 30 各地区大学占比饼图

方法一：

```
In [9]: # 单独提取"省市"列数据，并转换为列表
        df_area_list = df.get("省市").tolist()
        df_area_set = set(df_area_list)               # 通过创建集合的方式对列表去重
        areas = {}
        for area in df_area_set:
            areas[area] = df_area_list.count(area)    # 统计各地区高校数量
        areas_sorted = dict(sorted(areas.items(),
                                   key=lambda s:s[1],
                                   reverse=True))      # 对字典进行降序排列
        # 整理数据：将字典的键和值分别转换为列表
        area = list(areas_sorted.keys())
        counts = list(areas_sorted.values())
        plt.figure(figsize=(7, 7))
        plt.pie(x=counts,
                labels=area,
```

```
                autopct = '%3.1f%%',
                shadow=False,
                startangle=90,
                radius=1.2,
                labeldistance=0.8,
                counterclock=True)
        plt.title("高校总分排名前30各地区大学占比饼图",
                color='#000000',
                size=16)
        plt.show()
```

Out[9]:　　　　　高校总分排名前30各地区大学占比饼图

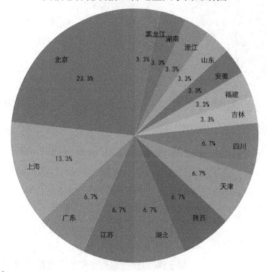

方法二：

```
In [10]: df_count=df["省市"].value_counts()
        area = df_count.index
        counts = df_count.values
        plt.figure(figsize=(7, 7))
        plt.pie(x=counts,
                labels=area,
                autopct = '%3.1f%%',
                shadow=False,
                startangle=90,
                radius=1.2,
                labeldistance=0.8,
                counterclock=True)
        plt.title("高校总分排名前30各地区大学占比饼图",
                color='#000000',
                size=16)
        plt.show()
```

Out[10]:　　　　　高校总分排名前30各地区大学占比饼图

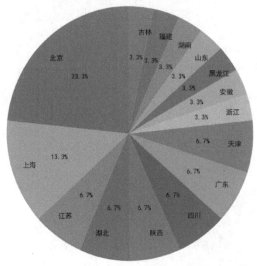

　　从输出结果可以看出，北京和上海的名牌大学占比数量是最多的，这也从侧面说明了政治影响和经济实力对高校品牌建设有很强的推动作用。

　　5. 绘制在高校总分排名前 30 大学占比中排名前 8 的地区分离型饼图

```
In [11]: df_count=df["省市"].value_counts()
         area = list(df_count.index)
         counts = list(df_count.values)
         show_area = area[:8]                          # 获取占比排名前8的省市
         show_area.append("其他省")                     # 新增"其他省"列
         show_counts = counts[:8]                       # 获取占比排名前8省市的高校数量
         show_counts.append(sum(counts[8:]))            # 将第8名之后的高校归为其他省

         plt.figure(figsize=(7, 7))
         # 使用列表推导式定义拆分距离
         lists=[0.05 for i in range(len(show_area))]
         # 或者直接为每个扇形定义拆分距离
         # lists=(0.05,0.05,0.05,0.05,0.05,0.05,0.05,0.05,0.05)
         plt.pie(x=show_counts,
                 labels=show_area,
                 explode=lists,  # 表示把某个特定的扇形拆分出来，突出显示
                 autopct = '%3.1f%%',
                 shadow=False,
                 startangle=90,
                 radius=1.2,
                 labeldistance=0.8,
                 counterclock=True)
         plt.title("在高校总分排名前30大学占比中排名前8的地区分离型饼图",
                 color='#000000',
                 size=16)
```

```
plt.show()
```

Out[11]:　　　在高校总分排名前30大学占比中排名前8的地区分离型饼图

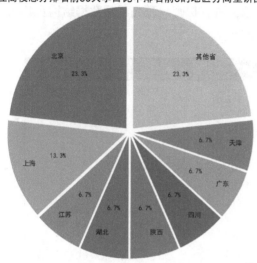

从输出结果可以看出，北京市拥有名牌大学的数量是其他省市拥有名牌大学数量的总和。由于本案例只抓取了当前页面表格的数据，数据量较少，不能很全面地分析我国高校各地区真实占比情况。如果读者感兴趣，则可以自行下载完整高校数据进行分析。

6.2　案例实战之气象数据处理与分析

扫一扫
看微课

JSON 是基于 ECMAScript（欧洲计算机协会制定的 JavaScript 规范）的一个子集，采用完全独立于编程语言的文本格式来存储和表示数据。简洁和清晰的层次结构使得 JSON 成为理想的数据交换语言，是一种轻量级的数据交换格式。它易于阅读和编写，同时易于计算机解析和生成，能够有效地提升网络传输效率。

很多气象网站都提供了以往的气压、气温和降雨量等气象数据。其中，OpenWeather 网站就提供了超过 200,000 个城市的天气数据。它收集和处理来自不同来源的天气数据，数据一般以 JSON、XML 或 HTML 格式存储。该网站的天气产品遵循行业标准并与不同类型的企业系统兼容，提供快速、可靠的 API 访问。此外，还允许用户通过 API 调用接收特定位置的所有基本天气数据。例如，当前天气和预报集合、历史天气集合、气象图集合、国家天气警报等。

为了更好地理解与处理 JSON 格式数据，本案例使用来源于 OpenWeather 网站上的开放天气数据进行处理与分析，介绍如何使用 Pandas 模块对标准的 JSON 格式气象数据进行预处理和可视化。需完成以下操作。

（1）将案例数据另存为 JSON 格式文件，供后续数据处理与分析使用。

（2）数据预处理和选取对数据分析有用的列数据。

（3）自定义一个可用于抽取数据的函数。

1．数据探查

在进行数据分析前，需要对整体数据进行探查，预先了解数据结构及其相关信息，打开 OpenWeather 网站的首页，如图 6-2 所示。

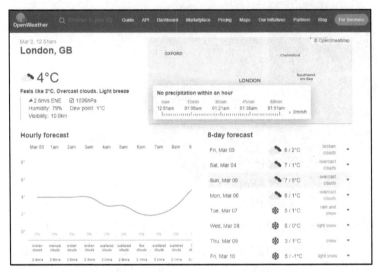

图 6-2　OpenWeather 网站首页

在首页的导航栏上选择"API"选项，打开 Weather API 页面，在该页面找到"API documentation"选项区，单击"Current weather data"链接，跳转到 Current weather data 页面，找到 JSON 代码栏中"Example of API response"下的气象数据，如图 6-3 所示。手动将其保存为 weather.json 文件，文件内容为案例城市某一时间的历史天气状况，稍后将该 JSON 文件交由 Pandas 库来处理。

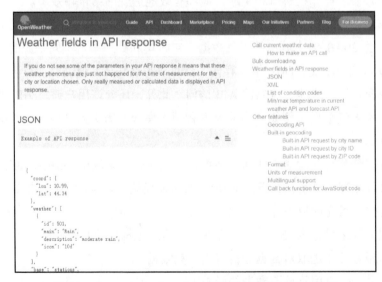

图 6-3　Current weather data 页面中的部分 JSON 数据

观察 JSON 气象案例数据发现，时间数据 dt、sunrise 和 sunset 是以时间戳来记录的，可读性较差，需要将其转换为常用的日期时间格式；气温 temp 以开氏度表示，只需在原来的温度值上减去 273.15 即可转换为摄氏度。此外，由于数据列比较多，我们可以选取最适合研究的几个指标进行数据分析。

（1）模块加载。

```
In [1]: import pandas as pd
        import json
        import datetime
```

（2）将网页中的气象数据保存为 JSON 格式文件并读取。

```
In [2]: # 数据来源网址https://openweathermap.org/current
        file=open('data/weather.json','r')
        text=file.read()
        text=json.loads(text)
        text
Out[2]: {'coord': {'lon': 10.99, 'lat': 44.34},
         'weather': [{'id': 501,
           'main': 'Rain',
           'description': 'moderate rain',
           'icon': '10d'}],
         'base': 'stations',
         'main': {'temp': 298.48,
           'feels_like': 298.74,
           'temp_min': 297.56,
           'temp_max': 300.05,
           'pressure': 1015,
           'humidity': 64,
           'sea_level': 1015,
           'grnd_level': 933},
         'visibility': 10000,
         'wind': {'speed': 0.62, 'deg': 349, 'gust': 1.18},
         'rain': {'1h': 3.16},
         'clouds': {'all': 100},
         'dt': 1661870592,
         'sys': {'type': 2,
           'id': 2075663,
           'country': 'IT',
           'sunrise': 1661834187,
           'sunset': 1661882248},
         'timezone': 7200,
         'id': 3163858,
         'name': 'Zocca',
         'cod': 200}
```

（3）分析该 JSON 格式文件的结构。

```
In [3]: list(text.keys())
Out[3]: ['coord',
         'weather',
         'base',
         'main',
         'visibility',
         'wind',
         'rain',
         'clouds',
         'dt',
         'sys',
         'timezone',
         'id',
         'name',
         'cod']
```

使用上述方法可获取组成该 JSON 内部结构的所有键的列表。有了这些键名，就可以轻松获取内部数据。

2. 数据预处理和选取对数据分析有用的列数据

分析内部结构旨在识别 JSON 结构中最重要的数据。如果使用到这些数据，则需要从 JSON 结构中抽取出来，并根据数据本身情况对其进行清洗或调整，排序后再将其存储到 DataFrame 中。

（1）提取经度、纬度、城市和记录时间。

```
In [4]: print('经度: ',text['coord']['lon'])
        print('纬度: ',text['coord']['lat'])
        print('城市: ',text['name'])
        print('记录时间: ',text['dt'])
Out[4]: 经度: 10.99
        纬度: 44.34
        城市: Zocca
        记录时间: 1661870592
```

（2）将开氏度转换为摄氏度。

由于摄氏度=开氏度-273.15，因此计算方法如下。

```
In [5]: print('摄氏度: ',text['main']['temp']-273.15)
Out[5]: 摄氏度: 25.33000000000004
```

（3）将时间戳转换为常用日期时间格式。

```
df['day'] = df['dt'].apply(datetime.datetime.fromtimestamp)
```

3. 自定义一个可用于抽取数据的函数

为了避免重复抽取代码，将抽取过程封装为一个函数，函数名为 pre()。

```
In [6]: def pre(text,city):
```

```
            temp=[]
            humidity=[]
            pressure=[]
            description=[]
            dt=[]
            wind_speed=[]
            wind_deg=[]
            sea_level=[]
            grnd_level=[]
            temp.append(text['main']['temp']-273.15)
            humidity.append(text['main']['humidity'])
            pressure.append(text['main']['pressure'])
            description.append(text['weather'][0]['description'])
            dt.append(text['dt'])
            wind_speed.append(text['wind']['speed'])
            wind_deg.append(text['wind']['deg'])
            sea_level.append(text['main']['sea_level'])
            grnd_level.append(text['main']['grnd_level'])
            headings=['temp','humidity','pressure','description','dt', \
                     'wind_speed','wind_deg','sea_level','grnd_level']
            data=[temp,humidity,pressure,description,dt,wind_speed, \
                wind_deg,sea_level,grnd_level]
            df=pd.DataFrame(data,index=headings)
            text=df.T  # 矩阵转置
            text['city']=city  # 新增city列
            # 新增day列，将时间戳转换为常用日期时间格式
            text['day']=text['dt'].apply(datetime.datetime.fromtimestamp)
            text.drop(columns='dt',inplace=True)  # 删除多余的dt列
            return text
```

自定义函数 pre() 负责从 JSON 结构中提取所需的气象数据，清洗或调整（比如日期和时间）之后，将数据添加到 DataFrame 的一行中。

```
In [7]: df = pre(text,text['name'])
        df
```

Out[7]:

	temp	humidity	pressure	description	wind_speed	wind_deg	sea_level	grnd_level	city	day
0	25.33	64	1015	moderate rain	0.62	349	1015	933	Zocca	2022-08-30 22:43:12

数据是按照一定间隔在每天的不同时间段采集的。例如，编写程序每隔一段时间执行一次请求，每次得到的数据都会在目标城市（本案例为 Zocca）的 DataFrame 中添加一条气象数据。

```
In [8]: df2=pre(text,text['name'])
        df=df.append(df2,ignore_index=True)
        df
```

Out[8]:

	temp	humidity	pressure	description	wind_speed	wind_deg	sea_level	grnd_level	city	day
0	25.33	64	1015	moderate rain	0.62	349	1015	933	Zocca	2022-08-30 22:43:12
1	25.33	64	1015	moderate rain	0.62	349	1015	933	Zocca	2022-08-30 22:43:12

在数据分析中，单个数据源有时无法提供所有数据。对于这种情况，需要寻找其他数据源来补充缺失的数据，使得数据分析结论更加精准和全面。

6.3 案例实战之某疾病感染人群数据处理与分析

本案例采集某疾病感染人群的病例数据,此数据经过脱敏仅适用于教学类数据分析与研究。通过该案例的学习可以进一步提高读者使用 Pandas 处理 JSON 格式文件的实战技能。需完成以下操作。

扫一扫
看微课

（1）加载 JSON 格式文件，供后续数据处理与分析使用。

（2）数据预处理和选取有用的列数据。

（3）自定义一个用于抽取对某疾病数据分析有用的函数。

（4）绘制出该各地区累计患病人数的柱形图。

（5）可视化某国连续 60 天某类疾病的发展变化。

1. 数据探查

在进行数据分析前，需要对整体数据进行探查，预先了解数据结构及其相关信息。本案例存储了某国某疾病感染人群 60 天的数据。通过 disease_1.json 文件可分析该国某疾病感染的基本情况，如累计确诊数、现有确诊数、疑似病例、累计死亡人数、累计治愈人数等，如图 6-4 所示。disease_2.json 文件记录了该国 60 天因受该疾病感染每日更新的数据，如图 6-5 所示。

从图 6-4 和图 6-5 发现，这两个 JSON 格式文件记录的内容比较多，且数据中有字典格式也有列表格式，我们需要抽取与分析有关的数据，具体操作步骤如下。

```
disease_1.json

1  {"lastUpdateTime":"03-09","countryTotal":{"confirm":68979,"heal":65680,"dead":554,
   "nowConfirm":3045,"suspect":1,"nowSevere":5,"importedCase":694,"noInfect":446,
   "showLocalConfirm":1,"showlocalinfeciton":1,"localConfirm":22},"countryAdd":{
   "confirm":82,"heal":320,"dead":19,"nowConfirm":256,"suspect":2,"nowSevere":1,
   "importedCase":20,"noInfect":25,"localConfirm":14},"isShowAdd":true,
   "showAddSwitch":{"all":true,"confirm":true,"suspect":true,"dead":true,"heal":true,
   "nowConfirm":true,"nowSevere":true,"importedCase":true,"noInfect":true,
   "localConfirm":true,"localinfeciton":true},"areaTree":[{"name":"某国","today":{
   "confirm":82,"isUpdated":true},"total":{"nowConfirm":3045,"confirm":68979,
   "suspect":1,"dead":554,"deadRate":"0.81","showRate":false,"heal":65680,"healRate":
   "95.22","showHeal":true,"wzz":0},"children":[{"name":"城市1","today":{"confirm":58
   ,"confirmCuts":0,"isUpdated":true,"tip":"","wzz_add":0},"total":{"nowConfirm":3202
   ,"confirm":13050,"suspect":0,"dead":76,"deadRate":"0.58","showRate":false,"heal":
   12974,"healRate":"99.41","showHeal":true,"wzz":0}},{"name":"城市2","today":{
   "confirm":3,"confirmCuts":0,"isUpdated":true,"tip":"","wzz_add":0},"total":{
   "nowConfirm":103,"confirm":2759,"suspect":0,"dead":8,"deadRate":"0.29","showRate":
   false,"heal":2648,"healRate":"95.98","showHeal":true,"wzz":14}},{"name":"城市3",
   "today":{"confirm":1,"confirmCuts":0,"isUpdated":true,"tip":"","wzz_add":0},
   "total":{"nowConfirm":94,"confirm":10966,"suspect":0,"dead":52,"deadRate":"0.47",
   "showRate":false,"heal":10914,"healRate":"99.52","showHeal":true,"wzz":0}},{"name"
   :"城市4","today":{"confirm":11,"confirmCuts":0,"isUpdated":true,"tip":"","wzz_add"
   :2},"total":{"nowConfirm":75,"confirm":446,"suspect":0,"dead":2,"deadRate":"0.45",
   "showRate":false,"heal":369,"healRate":"82.74","showHeal":true,"wzz":2}},{"name":

JSON file          length : 9,186  lines : 1       Ln : 1  Col : 3,091  Sel : 0 | 0        Windows (CR LF)    UTF-8           INS
```

图 6-4 disease_1.json 文件部分内容

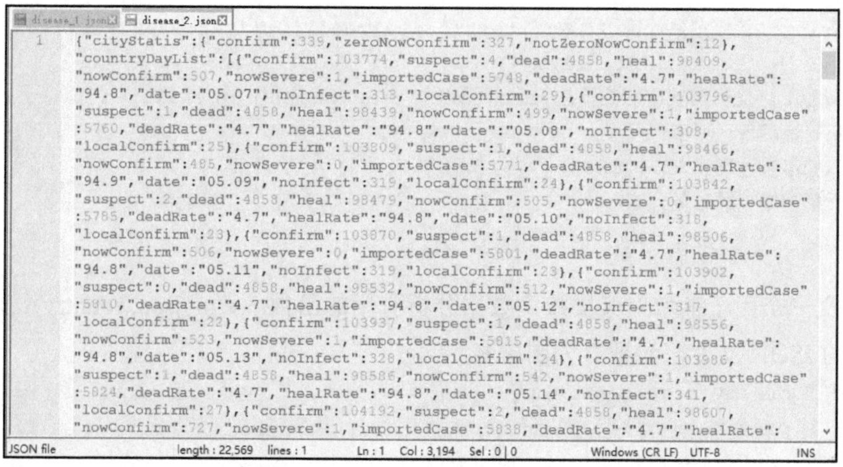

图 6-5　disease_2.json 文件部分内容

（1）模块加载。

```
In [1]: import pandas as pd
        import json
        import matplotlib.pyplot as plt
        plt.rcParams['font.sans-serif'] = 'SimHei'
        %config InlineBackend.figure_format = 'svg' # 绘制矢量图
```

（2）读取 JSON 数据，该文件记录了某国某疾病传染的基本情况。

```
In [2]: df = file=open('data/disease_1.json','r',encoding='utf8')
        text=file.read()
        text=json.loads(text)
        text
Out[2]: {'lastUpdateTime': '03-09',
         'countryTotal': {'confirm': 68979,
         'heal': 65680,
         'dead': 554,
         'nowConfirm': 3045,
         'suspect': 1,
         'nowSevere': 5,
         'importedCase': 694,
         'noInfect': 446,
         'showLocalConfirm': 1,
         'showlocalinfeciton': 1,
         'localConfirm': 22},
         ......
         'wzz': 0}}]}]}}
```

（3）数据预处理和选取有用的列数据。

分解该数据抽取过程的步骤是为了帮助大家理解后续自定义抽取函数。本次抽取的数据有城市名、该城市累计确诊人数和受影响城市的数量。

```
In [3]: print('获取城市名:',text['areaTree'][0]['children'][0]['name'])
```

```
          print('该城市累计确诊人数:',text['areaTree'][0]['children'][0] \
              ['total']['confirm'])
          print('受影响城市的数量:',len(text['areaTree'][0]['children']))
Out[3]:  获取城市名：城市1
          该城市累计确诊人数：13050
          受影响城市的数量：34
```

2. 自定义一个抽取函数

自定义一个用于抽取对某类疾病数据分析有用的函数 pre(myjson, country)，其中，参数 1 为加载的 JSON 文件，参数 2 为国家名。

```
In [4]: def pre(myjson,country):
          province=[]
          confirm=[]
          for i in range(len(myjson['areaTree'][0]['children'])):
              province.append(myjson['areaTree'][0]['children'][i] \
              ['name'])
              confirm.append(myjson['areaTree'][0]['children'][i] \
              ['total']['confirm'])
          df=pd.DataFrame({'country':country,
                            'province':province,
                            'confirm':confirm})
          return df
```

调用自定义函数读取 JSON 数据。

```
In [5]: df = pre(text,text['areaTree'][0]['name'])
        df.head()
```

Out[5]:

	country	province	confirm
0	某国	城市1	13050
1	某国	城市2	2759
2	某国	城市3	10966
3	某国	城市4	446
4	某国	城市5	2222

3. 绘制出该国各地区累计患病人数的柱形图

本案例统计的数据为截至 2022 年 7 月 6 日该国各地区患病的人数。用户通过绘制柱形图可以非常直观地了解到该国哪些地区受疾病影响较为严重。

```
In [6]: plt.figure(figsize=[10,5])
        plt.title('某国某疾病感染人群分布状况',size=16)
        plt.bar(df.province,df.confirm,width=0.3,color='green')
        plt.xlabel('地区',size=12)
        plt.ylabel('人数',size=12)
        plt.xticks(list(df.province),rotation=45,size=9)
        for a,b in zip(df.province,df.confirm):
            plt.text(a,b,b,ha='center',va='bottom',size=9)
        plt.show()
```

Out[6]:

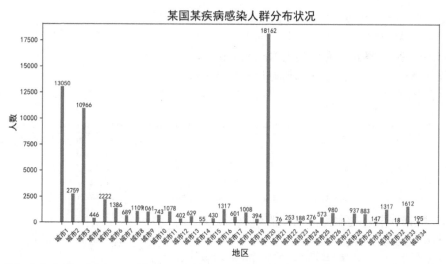

从上图可以看到，城市 1、城市 3 和城市 19 受该疾病影响最为严重，累计患病人数都已过万人；尤其是城市 19，超过 1.8 万人患此类疾病。其他城市控制相对较好，但也不能松懈，要做好预防该类疾病扩散的各项举措。

4．可视化某国连续 60 天某疾病的发展变化

读取 disease_2.json 文件，该文件记录了某国连续 60 天某疾病的相关数据。该文件不需要自定义抽取数据函数，使用 Pandas 库中的 json_normalize()函数就能将字典或列表直接转换为 DataFrame 数据结构，而我们只需专注做好数据分析和可视化即可。

（1）读取 JSON 数据。

```
In [7]: file=open('data/disease_2.json','r',encoding='utf8')
        text2=file.read()
        text2=json.loads(text2)
        text2
Out[7]: {'cityStatis': {'confirm': 339,
          'zeroNowConfirm': 327,
          'notZeroNowConfirm': 12},
          'countryDayList': [{'confirm': 103774,
          'suspect': 4,
          'dead': 4858,
          'heal': 98409,
          'nowConfirm': 507,
          'nowSevere': 1,
          'importedCase': 5748,
          'deadRate': '4.7',
          'healRate': '94.8',
          'date': '05.07',
          'noInfect': 313,
          'localConfirm': 29},
          ……
```

```
                'date': '07/06',
                'sdate': '06/19'}]]
```

（2）将 JSON 格式文件转换为 DataFrame。

```
In [8]: from pandas.io.json import json_normalize
        df=pd.json_normalize(text2,'chinaDayList')
        df.head()
```

Out[8]:

	confirm	suspect	dead	heal	nowConfirm	nowSevere	importedCase	deadRate	healRate	date	noInfect	localConfirm
0	103774	4	4858	98409	507	1	5748	4.7	94.8	05.07	313	29
1	103796	1	4858	98439	499	1	5760	4.7	94.8	05.08	308	25
2	103809	1	4858	98466	485	0	5771	4.7	94.9	05.09	319	24
3	103842	2	4858	98479	505	0	5785	4.7	94.8	05.10	318	23
4	103870	1	4858	98506	506	0	5801	4.7	94.8	05.11	319	23

（3）数据选取，选取需可视化的列数据。

```
In [9]: df_yq=df[['date', 'confirm', 'dead', 'heal', 'nowConfirm', \
                  'localConfirm', 'noInfect']]
        df_yq.head()
```

Out[9]:

	date	confirm	dead	heal	nowConfirm	localConfirm	noInfect
0	05.07	103774	4858	98409	507	29	313
1	05.08	103796	4858	98439	499	25	308
2	05.09	103809	4858	98466	485	24	319
3	05.10	103842	4858	98479	505	23	318
4	05.11	103870	4858	98506	506	23	319

（4）给变量赋值。

```
In [10]: x_date=df_yq['date']
         y_confirm=df_yq['confirm']
         y_dead=df_yq['dead']
         y_heal=df_yq['heal']
         y_nowConfirm=df_yq['nowConfirm']
         y_localConfirm=df_yq['localConfirm']
         y_noInfect=df_yq['noInfect']
```

（5）绘制出该国连续 60 天某疾病人数变化发展的折线图。

```
In [11]: plt.figure(figsize=(9,5))
         plt.title('某国连续60天某疾病情况数据分析',size=18)
         plt.plot(x_date,y_localConfirm,'y-',linewidth=2, \
                 label='当日新增确诊人数')
         plt.plot(x_date,y_dead,'r-',linewidth=2,label='累计死亡人数')
         plt.plot(x_date,y_nowConfirm,'m:',linewidth=2,label='现有确诊人数')
         plt.plot(x_date,y_confirm,'g-',linewidth=2,label='累计确诊人数')
         plt.plot(x_date,y_heal,'b-',linewidth=2,label='累计治愈人数')
         plt.plot(x_date,y_noInfect,'c-.',linewidth=2,label='无症状感染者')
         plt.xlabel('日期',size=16)
         plt.ylabel('人数',size=16)
         plt.xticks(rotation=45)
         plt.yticks(size=12)
         plt.legend(fontsize=12)
         plt.show()
```

Out[11]:

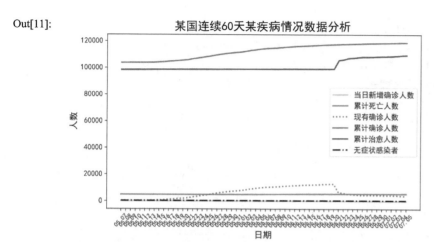

请思考，虽然绘制出了折线图，但是细心的读者可能很快就会发现"累计确诊人数"和"累计治愈人数"这两条线与其他四条数据线完全是分开的，归其原因主要是这两组数值相差太大。那么我们应当如何将上图修改得便于阅读？此外，X 轴中的日期显示过于密集，基本上看不清楚，又应当如何进行调整？

对于上述提到的问题，我们可以参考如下解决方案。

（6）调整折线图中 X 轴标签显示的间隔。

```
In [12]: import numpy as np
         x_len=np.arange(0,len(x_date),7)
         x_value=x_date[x_len].values
         print(x_len)     # X轴索引值
         print(x_value)   # X轴索引值对应的标签
Out[12]: [ 0  7 14 21 28 35 42 49 56]
         ['05.07' '05.14' '05.21' '05.28' '06.04' '06.11' '06.18' '06.25'
          '07.02']
```

（7）使用 Matplotlib 在一张画布上可以绘制多个子图的方法重新绘制图。

```
In [13]: plt.figure(figsize=(9,9))
         plt.subplot(2,1,1)   # 在2行1列的画布中的第1行绘制图
         plt.title('某国连续60天某疾病情况数据分析',size=18)
         plt.plot(x_date,y_localConfirm,'y-',linewidth=2, \
                 label='当日新增确诊人数')
         plt.plot(x_date,y_dead,'r.-',linewidth=2,label='累计死亡人数')
         plt.plot(x_date,y_nowConfirm,'m:',linewidth=2,label='现有确诊人数')
         plt.plot(x_date,y_noInfect,'g-.',linewidth=2,label='无症状感染者')
         plt.xticks(x_len,x_value,rotation=0,size=12)
         plt.ylabel('人数',size=14)
         plt.yticks(size=12)
         plt.legend(fontsize=12)
         plt.subplot(2,1,2)
         plt.plot(x_date,y_confirm,'g-',linewidth=2,label='累计确诊人数')
         plt.plot(x_date,y_heal,'b-',linewidth=2,label='累计治愈人数')
```

```
        plt.xlabel('日期',size=14)
        plt.xticks(x_len,x_value,rotation=0,size=12)
        plt.ylabel('人数',size=14)
        plt.yticks(size=12)
        plt.legend(fontsize=12)
        plt.show()
        plt.show()
```

Out[13]:

从新绘制的这两个子图可以看出，"现有确诊人数"和"累计治愈人数"在 2022 年 6 月 20 日同时出现拐点，确诊人数大幅减少，治愈人数大幅增加，可见某国在治疗某类疾病的研究方面取得了突破性的进展，治疗更加有针对性。此外还发现"当日新增确诊人数"和"无症状感染者"一直保持在低位水平，"累计死亡人数"基本在一条水平线上，新增死亡病例很少。这也说明了某国在应对某类疾病时处理及时和妥当。

本章小结

能够对网页数据进行处理和分析是一名合格的数据分析师必备的基本技能。本章通过"软科中国大学排名"、"OpenWeather"和"某疾病感染人群"3 个项目案例分别对采集到的数据进行分析处理和可视化，介绍了如何通过网络抓取 HTML 表格数据的方法，并使用这些数据来绘制柱形图、折线图和饼图；此外，还介绍了如何编写一个抽取 JSON 数据的自定义函数，以及如何在一张画布上绘制多个子图的方法。

本章习题

一、单选题

1. 下列选项中关于数据可视化描述错误的是（　　　）。

A. 数据可视化可以简单地理解为将不易描述的事物形成可感知画面的过程

B. 数据可视化的目的是准确、高效、全面地传递信息

C. 数据表格是数据可视化最基础的应用

D. 数据可视化对后期数据挖掘具有深远影响

2. 在分析网站某个页面的内容结构时，下列工具或方法最专业的是（　　　）。

A. 直接下载并保存页面

B. 在浏览器中查看网页的源代码

C. 浏览器的开发者工具

D. 编写一个 Python 程序请求页面并输出响应内容

3. 下列关于常见图表的描述正确的是（　　　）。

A. 条形图是横置的直方图

B. 柱形图可以反映数据增减的趋势

C. 雷达图是一种可以展示多变量关系的图表

D. 饼图用于显示数据中各项大小与各项总和的比例

4. 阅读下列一段代码：

```
plt.bar(x, y1, tick_label=["A", "B", "C", "D"])
plt.bar(x, y2, bottom=y1, tick_label=["A", "B", "C", "D"])
```

以上代码中 bar() 函数的 bottom 参数的作用是（　　　）。

A. 将后绘制的柱形图置于先绘制的柱形图下方

B. 将后绘制的柱形图置于先绘制的柱形图上方

C. 将后绘制的柱形图置于先绘制的柱形图左方

D. 将后绘制的柱形图置于先绘制的柱形图右方

5. 下列函数中可以设置坐标轴刻度标签的是（　　　）。

A. xticks()　　　　　B. grid()　　　　　C. xlim()　　　　　D. legend()

6. 下列选项中表示的颜色不是黑色的是（　　　）。

A. 'k'　　　　　B. '#000000'　　　　　C. (0.0, 0.0, 0.0)　　　　D. 'b'

二、判断题

1. 数据可视化是一个抽象的过程。　　　　　　　　　　　　　　　（　　　）

2. 柱形图与直方图展示的效果完全相同。　　　　　　　　　　　　（　　　）

3. 使用 Pyplot 绘制的箱形图默认不会显示异常值。　　　　　　　　（　　　）

4．Matplotlib 中图例一直位于图表的右上方，它的位置是不可变的。　　（　　）

5．如果坐标轴没有刻度，则无法显示网格。　　（　　）

6．坐标轴的刻度范围取决于数据的最大值和最小值。　　（　　）

7．Matplotlib 默认不支持显示中文。　　（　　）

8．subplot(223)函数与 subplot(2,2,3)函数的作用是等价的。　　（　　）

9．在 Matplotlib 中，使用 subplot()函数可以一次性绘制多个子图。　　（　　）

10．Matplotlib 的坐标轴默认隐藏次刻度线。　　（　　）

三、操作题

1．打开上海软科官网，获取中国民办高校排名榜单中的前 30 名高校数据，完成以下操作。

（1）绘制高校总分排名前 10 的柱形图。

（2）绘制高校总分排名前 30 各地区大学占比分离型饼图。

（3）绘制在高校总分排名前 30 大学占比中排名前 5 的地区占比饼图，并将"其他省"扇形区突出显示。

2．读取存储了某类病毒自暴发以来各国统计确诊、死亡、疑似病例等与之相关的数据文件 disease_3.json，使用 Pandas 对数据进行分析，完成以下操作。

（1）统计出该 JSON 文件共收集了世界上多少个国家受该病毒感染的相关数据。

（2）绘制出世界各国累计确诊人数前 20 国家的柱形图。

（3）绘制出世界各国累计死亡人数前 20 国家的柱形图。

第7章

整本书文本处理与分析——以《红楼梦》为例

学习目标

- 学会读取和处理大型文本数据的方法。
- 掌握将 jieba 分词结果与停用词相结合来绘制词云及定制化词云的方法。
- 熟练使用自定义函数批量绘制各章节词云和柱形图。
- 学会构建分词 TF-IDF 矩阵。
- 掌握常用的几种文本聚类分析方法。
- 了解什么是 LDA 主题模型及其分析方法。

《红楼梦》是一部鸿篇巨制、典型的中国古代章回体长篇小说，书中出现了几百个各具特色的人物且社会关系复杂。本章的分析只是基于统计分析、文本挖掘等知识，利用 Pandas、Matplotlib、jieba 和 WordCloud 库处理与展现数据，主要通过以下几个步骤进行。

（1）文本的准备、数据预处理、分词、词频和绘制整本书词云等。

（2）了解《红楼梦》整本书各章节的字数、段落数和作者写作风格方面的关系。

（3）《红楼梦》整本书各章节词云图及柱形图的展示。

（4）对全书各章节使用 TF-IDF 矩阵进行聚类分析并可视化，包括使用 K-Means 聚类、MDS 聚类、PCA 聚类等方法。

（5）使用 LDA 主题模型对小说中各主题最主要的关键词进行可视化。

7.1 绘制《红楼梦》整本书的词云

扫一扫
看微课

整本书词云的绘制方法比较简单。本节将介绍两种常用的方法：方法一，使用 jieba 库快速绘制词云；方法二，将 jieba 库与 Pandas 库结合共同绘制词云。

1. 文本准备工作

下载《红楼梦》电子小说文档（见本书配备资源包），格式为.txt，编码为 utf-8 格式。同时，准备标准停词库，用于过滤无意义的分词词汇。标准停词库部分文本内容如图 7-1 所示。

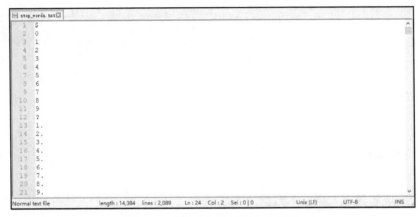

图 7-1　标准停词库部分文本内容

2. 方法一：使用 jieba 库快速绘制词云

（1）模块加载。

```
In [1]: import jieba
        from wordcloud import WordCloud
        import matplotlib.pyplot as plt
```

（2）加载《红楼梦》文档和停词库。

```
In [2]: with open("hlm/hlm.txt", "r",encoding='utf8') as f:
            txt = f.read()
        with open("hlm/stop_words.txt", "r",encoding='utf8') as f:
            stopword = f.read()
```

（3）分词及绘制《红楼梦》整本书词云。

```
In [3]: cutwords  = jieba.lcut(txt)
        txt2 = ' '.join(cutwords)
        wc = WordCloud(background_color="white",
                       width=1800, height=1200,
                       font_path="simhei.ttf",
                       max_words=200,
                       stopwords = stopword).generate(txt2)
        plt.figure(figsize=(10,7))
        plt.imshow(wc)
```

```
plt.axis('off')    # 关闭坐标轴
plt.show()
```
Out[3]:

以上为最简单的词云绘制的方法，从词云图中可以粗略看出，"宝玉"是《红楼梦》中出场次数最多的人物；其次是"贾母"，仅次于主角"宝玉"；"凤姐"和"王夫人"字体大小接近，说明出场次数相差不大。此外，细心的读者还会发现虽然使用了停词库，但是词云中仍然出现了多个高频单字，如"笑"、"吃"、"忙"与"走"等。其解决的方法是将这些高频单字手动加入停词库，或者使用下面介绍的方法过滤所有单字。

3. 方法二：将 jieba 库与 Pandas 库结合共同绘制词云

（1）模块加载。

```
In [4]: import jieba
        import pandas as pd
        from wordcloud import WordCloud
        import matplotlib.pyplot as plt
```

（2）加载停词库。

```
In [5]: df_sp = pd.read_csv("hlm/stop_words.txt", names = ["stopwords"])
        Stopword = df_sp['stopwords']
        stopword
Out[5]: 0        $
        1        0
        2        1
        3        2
        4        3
                ..
        2082    沙沙
        2083    甭
        2084    会
        2085    砰
        2086    说道
        Name: stopwords, Length: 2087, dtype: object
```

（3）构建整本书的 DataFrame。

```
In [6]: with open("hlm/hlm.txt", "r",encoding='utf8') as f:
            txt = f.read()
```

```
        df_hlm = pd.DataFrame({"hlm_text":[txt]})
        df_hlm
```
Out[6]:

	hlm_text
0	第1卷\n第一回 甄士隐梦幻识通灵 贾雨村风尘怀闺秀\n　此开卷第一回也。作者自云：因曾历...

（4）将无用字符替换为空字符，如'\n'和'\u3000'。

```
In [7]: txt2 = df_hlm.hlm_text[0].replace('\n','').replace('\u3000','')
```

（5）排除单个字符的分词。

```
In [8]: cutwords = jieba.lcut(txt2)
        cutwords = pd.Series(cutwords)[pd.Series(cutwords).apply(len)>1]
        cutwords
Out[8]: 3          第一回
        5          甄士隐
        6          梦幻
        7          识通灵
        9          贾雨村
                   ...
        597250     荒唐
        597252     可悲
        597256     同一
        597259     休笑
        597260     世人
        Length: 232555, dtype: object
```

（6）统计 jieba 分词后的词频。

```
In [9]: cutwords.value_counts()
Out[9]: 宝玉       3773
        什么       1615
        一个       1452
        贾母       1230
        我们       1226
                 ...
        穷小子      1
        别少       1
        多些       1
        仰首       1
        nullNaN  1
        Length: 42536, dtype: int64
```

（7）将处理完的分词保存为新的一列（cutwords），同时删除旧列（hlm_text）。

```
In [10]: df_hlm.loc[0,'cutword']=",".join(cutwords)
         df_hlm.drop(columns="hlm_text",inplace=True)
         df_hlm
```
Out[10]:

	cutword
0	第一回,甄士隐,梦幻,识通灵,贾雨村,风尘,闺秀,开卷,第一回,作者,自云,因曾,历过,一番...

（8）绘制两个及以上字组成词的词云。

```
In [11]: wc = WordCloud(background_color="white",
```

```
                        width=1800, height=1200,
                        font_path="simhei.ttf",
                        stopwords = stopword).generate(df_hlm.cutword[0])
        plt.figure(figsize=(10,7))
        plt.imshow(wc)
        plt.axis('off')
        plt.show()
```
Out[11]:

　　从上面只允许两个及以上字组成词的词云的图中可以看出,《红楼梦》小说有更多的人物名字在词云中出现,这也说明了过滤这些高频的单个词是很有必要的。

　　(9) 绘制排名前 10 的高频词汇组成的词云。

```
In [12]: cutwords.value_counts()[:10]
Out[12]: 宝玉      3773
         什么      1615
         一个      1452
         贾母      1230
         我们      1226
         那里      1178
         凤姐      1099
         王夫人     1015
         如今      1003
         你们      1002
         dtype: int64
```

　　只需在步骤(8)中将允许最多输出个数的 max_words 参数设置为 10 即可。

```
In [13]: wc = WordCloud(background_color="white",
                        width=1800, height=1200,
                        max_words=10,   # 默认为200
                        font_path="simhei.ttf").generate(df_hlm.cutword[0])
        plt.figure(figsize=(10,7))
        plt.imshow(wc)
        plt.axis('off')
        plt.show()
```

Out[13]:

从词云图中我们发现，高频词汇中并不都是人名，如果只想要绘制出来的词云都是由人名组成的，则应当如何排除无关词汇的干扰，挖掘出更多人物的出场频次？这个问题留给感兴趣的读者思考和继续完善程序。

（10）以背景图片的轮廓来绘制《红楼梦》整本书词云。

```
In [14]: from imageio import imread   # 加载读取图片的函数
         plt.rcParams['font.sans-serif'] = 'SimHei'
         mask_img = imread("data/red_dream.png")
         wc = WordCloud(background_color="white",
                        width=800, height=600,
                        font_path="simhei.ttf",
                        mask=mask_img,  # 遮罩图片
                        stopwords = stopword).generate(df_hlm.cutword[0])
         plt.figure(figsize=(10,10))
         plt.imshow(wc)
         plt.title("以背景图片的轮廓来绘制《红楼梦》整本书词云",size=18)
         plt.axis('off')
         plt.show()
```

Out[14]: 以背景图片的轮廓来绘制《红楼梦》整本书词云

（11）以背景图片的轮廓和颜色来绘制《红楼梦》整本书词云。

```
In [15]: import numpy as np
         from PIL import Image  # 加载读取图片的模块
```

146

```
from wordcloud import ImageColorGenerator # 词云颜色生成器
mask_img = np.array(Image.open("data/red_dream.png"))
wc = WordCloud(background_color="white",
               margin=5,
               width=800, height=600,
               font_path="simhei.ttf",
               mask=mask_img,
               # 随机种子，确保词云在每次生成时都是相同的
               random_state=2,
               stopwords = stopword).generate(df_hlm.cutword[0])
img_colors = ImageColorGenerator(mask_img) # 生成基于图片的颜色值
plt.figure(figsize=(10,10))
plt.imshow(wc.recolor(color_func=img_colors))
plt.title("以背景图片的轮廓和颜色来绘制《红楼梦》整本书词云",
          size=18)
plt.axis("off")
plt.show()
```

Out[15]:　　以背景图片的轮廓和颜色来绘制《红楼梦》整本书词云

如果读者感兴趣，则可以使用步骤（10）或步骤（11）绘制词云的方法，另选其他图形来生成词云，看一下生成的词云图是否带有不一样的艺术气息和美感。

7.2　《红楼梦》各章节词云图及柱形图的展示

扫一扫
看微课

《红楼梦》是典型的章回体小说，从 7.1 节知道，我们是以整本书的分词为基础来绘制词云的。如果想要了解各章节人物的出场次数及关键事件，则需要以各章节的分词为基础进行词频统计和绘制词云。

1. 数据准备及预处理

（1）加载数据处理相关模块。

```
In [1]: import pandas as pd
```

```
        import numpy as np
```

（2）使用 Pandas 加载停词库和文档。

```
In [2]: stopword = pd.read_csv("hlm/stop_words.txt", names = ["stopwords"])
        df_hlm = pd.read_csv("hlm/hlm.txt", names = ["hlm_texts"])
        df_hlm
```

Out[2]:

	hlm_texts
0	第1卷
1	第一回 甄士隐梦幻识通灵 贾雨村风尘怀闺秀
2	此开卷第一回也。作者自云：因曾历过一番梦幻之后，故将真事隐去，而借"通灵"之说，撰此<<...
3	此回中凡用"梦"用"幻"等字，是提醒阅者眼目，亦是此书立意本旨。
4	列位看官：你道此书从何而来？说起根由虽近荒唐，细按则深有趣味。待在下将此来历注明，方便阅...
...	...
3051	那空空道人听了，仰天大笑，掷下抄本，飘然而去，一面走着，口中说道："果然是敷衍荒唐！不但...
3052	NaN
3053	NaN
3054	说到辛酸处，荒唐愈可悲。
3055	由来同一梦，休笑世人痴！

3056 rows × 1 columns

（3）查看 DataFrame 中是否存在空白行或缺失值。

```
In [3]: np.sum(pd.isna(df_hlm))
Out[3]: hlm_texts     2
        dtype: int64
```

或者使用 df_hlm.info()函数查看 DataFrame 的摘要信息，也可查阅是否有缺失值。

（4）删除空白行或缺失值。

```
In [4]: print("原来的行数: ",df_hlm.shape[0])
        df_hlm=df_hlm.dropna()
        print("现在的行数: ",df_hlm.shape[0])
Out[4]: 原来的行数:  3056
        现在的行数:  3054
```

（5）使用正则表达式提取"第几卷"文本。

```
In [5]: juan=df_hlm.hlm_texts.str.contains(r"第"\d卷")    # 返回逻辑值
        # 保留逻辑值为True的行，并重排索引
        df_juan=df_hlm[juan].reset_index(drop=True)
        df_juan
```

Out[5]:

	hlm_texts
0	第1卷
1	第2卷
2	第3卷

（6）删除带有"第？卷"的行，再重排索引。

```
In [6]: df_hlm=df_hlm[~juan].reset_index(drop=True)    # ~符号表示取反
        df_hlm
```

Out[6]:

	hlm_texts
0	第一回 甄士隐梦幻识通灵 贾雨村风尘怀闺秀
1	此开卷第一回也。作者自云：因曾历过一番梦幻之后，故将真事隐去，而借"通灵"之说，撰此<<...
2	此回中凡用"梦"用"幻"等字，是提醒阅者眼目，亦是此书立意本旨。
3	列位看官：你道此书从何而来？说起根由虽近荒唐，细按则深有趣味。待在下将此来历注明，方使阅...
4	原来女娲氏炼石补天之时，于大荒山无稽崖炼成高经十二丈，方经二十四丈顽石三万六千五百零一块...
...	...
3046	这一日空空道人又从青埂峰前经过，见那补天未用之石仍在那里，上面字迹依然如旧，又从头的细细...
3047	那空空道人牢牢记着此言，又不知过了几世几劫，果然有个悼红轩，见那曹雪芹先生正在那里翻阅历...
3048	那空空道人听了，仰天大笑，掷下抄本，飘然而去，一面走着，口中说道："果然是敷衍荒唐！不但...
3049	说到辛酸处，荒唐愈可悲。
3050	由来同一梦，休笑世人痴！

3051 rows × 1 columns

（7）使用正则表达式提取含有"第 XXX 回"内容的行。

```
In [7]: hui=df_hlm.hlm_texts.str.match(r"第.+?回")
        huinames=df_hlm.hlm_texts[hui]
        # 用空格作为分割符，将内容分为3部分
        huinamesplit=huinames.str.split(' ')
        hui_list=list(huinamesplit)  # 转换为列表
        hui_list
Out[7]: [['第一回', '甄士隐梦幻识通灵', '贾雨村风尘怀闺秀'],
        ['第二回', '贾夫人仙逝扬州城', '冷子兴演说荣国府'],
        ['第三回', '贾雨村夤缘复旧职', '林黛玉抛父进京都'],
        ......
        ['第一一九回', '中乡魁宝玉却尘缘', '沐皇恩贾家延世泽'],
        ['第一二零回', '甄士隐详说太虚情', '贾雨村归结红楼梦']]
```

（8）使用上面的章回列表数据构建一个新的 DataFrame。

```
In [8]: df_hui=pd.DataFrame(hui_list,
                            columns=['Huiname','Firstname','Secondname'])
        df_hui
```

Out[8]:

	Huiname	Firstname	Secondname
0	第一回	甄士隐梦幻识通灵	贾雨村风尘怀闺秀
1	第二回	贾夫人仙逝扬州城	冷子兴演说荣国府
2	第三回	贾雨村夤缘复旧职	林黛玉抛父进京都
3	第四回	薄命女偏逢薄命郎	葫芦僧乱判葫芦案
4	第五回	游幻境指迷十二钗	饮仙醪曲演红楼梦
...	...	...	...
115	第一一六回	得通灵幻境悟仙缘	送慈柩故乡全孝道
116	第一一七回	阻超凡佳人双护玉	欣聚党恶子独承家
117	第一一八回	记微嫌舅兄欺弱女	惊谜语妻妾谏痴人
118	第一一九回	中乡魁宝玉却尘缘	沐皇恩贾家延世泽
119	第一二零回	甄士隐详说太虚情	贾雨村归结红楼梦

120 rows × 3 columns

（9）计算整本书各章节起始行、结束行及每章节的段落数。

```
In [9]: # 在df_hui数据框上新增以下几列数据
        df_hui['HuiNum']=np.arange(1,len(df_hui)+1)  # 将章节数转换为数字
        df_hui['AllName']=df_hui.Firstname+','+df_hui.Secondname # 合并
```

```
df_hui['Start']=hui[hui].index  # 每章节开始的行索引
# 使用reset_index()函数将章节索引值从1开始的编号修改为从0开始编号
df_hui['End']=df_hui['Start'][1:len(df_hui)]. \
              reset_index(drop=True)-1  # 每章的结束行数
# 由于"End"列最后一行数据为NaN值，因此使用正文最后一行的索引值填充
df_hui['End'].fillna(df_hlm.index[-1],inplace=True)  #填充最末行空值
df_hui['LineNum']=df_hui['End']-df_hui['Start']  # 统计每章段落数
df_hui['Text']='第某回正文'  # 占位
df_hui
```

Out[9]:

	Huiname	Firstname	Secondname	HuiNum	AllName	Start	End	LineNum	Text
0	第一回	甄士隐梦幻识通灵	贾雨村风尘怀闺秀	1	甄士隐梦幻识通灵,贾雨村风尘怀闺秀	0	49.0	49.0	第某回正文
1	第二回	贾夫人仙逝扬州城	冷子兴演说荣国府	2	贾夫人仙逝扬州城,冷子兴演说荣国府	50	79.0	29.0	第某回正文
2	第三回	贾雨村夤缘复旧职	林黛玉抛父进京都	3	贾雨村夤缘复旧职,林黛玉抛父进京都	80	118.0	38.0	第某回正文
3	第四回	薄命女偏逢薄命郎	葫芦僧乱判葫芦案	4	薄命女偏逢薄命郎,葫芦僧乱判葫芦案	119	148.0	29.0	第某回正文
4	第五回	游幻境指迷十二钗	饮仙醪曲演红楼梦	5	游幻境指迷十二钗,饮仙醪曲演红楼梦	149	235.0	86.0	第某回正文
...									
115	第一一六回	得通灵幻境悟仙缘	送慈柩故乡全孝道	116	得通灵幻境悟仙缘,送慈柩故乡全孝道	2916	2941.0	25.0	第某回正文
116	第一一七回	阻超凡佳人双护玉	欣聚党恶子独承家	117	阻超凡佳人双护玉,欣聚党恶子独承家	2942	2962.0	20.0	第某回正文
117	第一一八回	记微嫌舅兄欺弱女	惊谜语妻妾谏痴人	118	记微嫌舅兄欺弱女,惊谜语妻妾谏痴人	2963	2987.0	24.0	第某回正文
118	第一一九回	中乡魁宝玉却尘缘	沐皇恩贾家延世泽	119	中乡魁宝玉却尘缘,沐皇恩贾家延世泽	2988	3017.0	29.0	第某回正文
119	第一二零回	甄士隐详说太虚情	贾雨村归结红楼梦	120	甄士隐详说太虚情,贾雨村归结红楼梦	3018	3050.0	32.0	第某回正文

120 rows × 9 columns

（10）提取整本书各章节正文内容并统计字数。

```
In [10]: for i in df_hui.index:
         hui_id=np.arange(df_hui.Start[i]+1,df_hui.End[i]+1)
         # 使用空字符将各段落连接起来，并将'\u3000'字符替换为空字符
         df_hui.loc[i,'Text']=''.join(list(df_hlm.hlm_texts[hui_id])). \
                         replace('\u3000','')
         df_hui['ZiShu']=df_hui.Text.apply(len)  # 计算每章节的字数
         df_hui
```

Out[10]:

	Huiname	Firstname	Secondname	HuiNum	AllName	Start	End	LineNum	Text	ZiShu
0	第一回	甄士隐梦幻识通灵	贾雨村风尘怀闺秀	1	甄士隐梦幻识通灵,贾雨村风尘怀闺秀	0	49.0	49.0	此开卷第一回也。作者自云:因曾历过一番梦幻之后,故将真事隐去,而借"通灵"之说,撰此<<石头...	7775
1	第二回	贾夫人仙逝扬州城	冷子兴演说荣国府	2	贾夫人仙逝扬州城,冷子兴演说荣国府	50	79.0	29.0	诗云一局输赢料不真,香销茶尽尚逡巡。欲知目下兴衰兆,须问旁观冷眼人。却说封肃因听见公差传唤...	5882
2	第三回	贾雨村夤缘复旧职	林黛玉抛父进京都	3	贾雨村夤缘复旧职,林黛玉抛父进京都	80	118.0	38.0	却说雨村忙回头看时,不是别人,乃是当日同僚一案参革的张如圭他。他本系此地人,革后家居,今打...	8481
3	第四回	薄命女偏逢薄命郎	葫芦僧乱判葫芦案	4	薄命女偏逢薄命郎,葫芦僧乱判葫芦案	119	148.0	29.0	却说黛玉同姊妹们至王夫人处,见王夫人与兄嫂处的来使计议家务,又说姨母家遭人命官司等语,因见王...	5898
4	第五回	游幻境指迷十二钗	饮仙醪曲演红楼梦	5	游幻境指迷十二钗,饮仙醪曲演红楼梦	149	235.0	86.0	第四回中既将薛家母子在荣府内寄居等事略已表明,此回则暂不能多赘,如今只说林黛玉在荣府以来,...	7417
...										
115	第一一六回	得通灵幻境悟仙缘	送慈柩故乡全孝道	116	得通灵幻境悟仙缘,送慈柩故乡全孝道	2916	2941.0	25.0	话说宝玉一听着月的话,身往后仰,复又死去,急得王夫人等哭叫不止。原月皆如失宝致病,此时王夫人...	6793
116	第一一七回	阻超凡佳人双护玉	欣聚党恶子独承家	117	阻超凡佳人双护玉,欣聚党恶子独承家	2942	2962.0	20.0	话说王夫人打发人来叫宝钗过去商量,宝玉听见说是和尚在外头,赶忙的独自一人走到前头去,嘴里乱嚷道...	7542
117	第一一八回	记微嫌舅兄欺弱女	惊谜语妻妾谏痴人	118	记微嫌舅兄欺弱女,惊谜语妻妾谏痴人	2963	2987.0	24.0	说话那王二爷大听尤氏一段话,明知也抱隐回。王夫人只得说道:"姑娘要行啊,这也是新生的阴根,我...	7477
118	第一一九回	中乡魁宝玉却尘缘	沐皇恩贾家延世泽	119	中乡魁宝玉却尘缘,沐皇恩贾家延世泽	2988	3017.0	29.0	话说莺儿见宝玉说话摸不着头脑,正自要走,只听宝玉又说:"很了,我告诉你罢,你姑娘枕是看见过...	9434
119	第一二零回	甄士隐详说太虚情	贾雨村归结红楼梦	120	甄士隐详说太虚情,贾雨村归结红楼梦	3018	3050.0	32.0	话说宝钗听秋纹说袭人不好,连忙进去瞧着,巧姐儿同平儿也随着走。到袭人炕前,只见袭人心痛难禁,一...	7717

120 rows × 10 columns

2. 数据可视化

（1）加载绘图相关模块。

```
In [11]: import jieba
```

```
import matplotlib.pyplot as plt
from wordcloud import WordCloud
plt.rcParams['font.sans-serif'] = 'SimHei'
%config InlineBackend.figure_format = 'svg'
```

（2）绘制段落数与字数两者之间关系的散点图。

```
In [12]: plt.figure(figsize=(10,6))
         plt.scatter(df_hui.LineNum,df_hui.ZiShu)
         for i in df_hui.index:
             plt.text(df_hui.LineNum[i]+1,df_hui.ZiShu[i],df_hui.HuiNum[i])
         plt.xlabel("章节段落数",size=12)
         plt.ylabel("章节字数",size=12)
         plt.title('《红楼梦》整本书各章节分布情况',size=18)
         plt.show()
```

Out[12]:

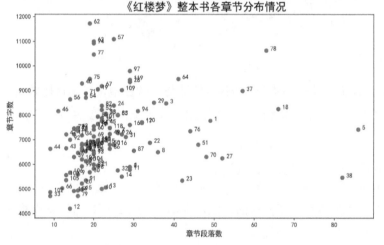

从上图可以看出，《红楼梦》章节段落数与字数的关系主要集中在左下角中部，部分章节比较分散，这与不同作者的写作风格相关。

（3）绘制各章节段落数、字数与编写风格趋势的折线图。

```
In [13]: plt.figure(figsize=(10,8))
         plt.subplot(2,1,1)  # 子图1
         plt.plot(df_hui.HuiNum,df_hui.LineNum,"ro-",label="段落数")
         plt.legend()
         plt.ylabel("章节段落数",size=12)
         plt.title('《红楼梦》编写风格趋势图',size=18)
         plt.hlines(np.mean(df_hui.LineNum),0,121,"b") # 绘制水平线
         plt.xlim((0,121))
         plt.subplot(2,1,2)  # 子图2
         plt.plot(df_hui.HuiNum,df_hui.ZiShu,"bo-",label = "字数")
         plt.legend()
         plt.xlabel("章节",size=12)
         plt.ylabel("章节字数",size=12)
         plt.hlines(np.mean(df_hui.ZiShu),0,121,"r")
```

```
        plt.xlim((0,121))
        plt.show()
```
Out[13]:

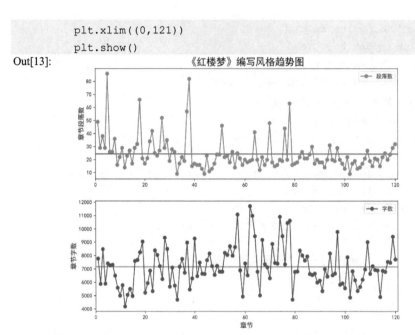

　　从图中可以看出，《红楼梦》前八十回各段落数与字数在中位线起伏比较大，而在后四十回各段落数与字数基本处于中位线以下，可见作者写作风格已发生较大变化。

　　3.《红楼梦》整本书各章节词云展示

　　（1）在准备分词前先加载需要保留的词汇。

```
In [14]: jieba.load_userdict('hlm/user_words.txt')
```
　　用户自定义保留库内容为需要保留的词汇，词库补充方式可参考停词库格式。

　　（2）对正文所有章节进行分词处理。

```
In [15]: row,col = df_hui.shape                      # 数据表的行列值
        df_hui.loc[:,'Word_str']=""                 # 新增空白列
        df_hui.loc[:,'Word_list']=""                # 新增空白列
        for i in range(row):
            cutwords = jieba.lcut(df_hui.Text[i])    # 精确模式分词
            cutwords = pd.Series(cutwords)[pd.Series(cutwords). \
                    apply(len)>1]                    # 排除长度为1的分词
            cutwords = pd.Series(cutwords)[pd.Series(cutwords). \
                    apply(len)<5]                    # 排除长度大于4的分词
            # 去停用词，~符号表示求反
            cutwords = pd.Series(cutwords)[~cutwords.isin(stopword)]
            # 使用逗号分隔符连接分词
            df_hui.loc[i,'Word_str']=",".join(pd.Series(cutwords.values))
            df_hui.Word_list[i]=cutwords.values      # 以列表格式存储
        # 查看整本书各章节的分词结果
        print(df_hui.Word_str)
        print(df_hui.Word_list)
```

Out[15]:
```
0    开卷, 第一回, 作者, 自云, 因曾, 历过, 一番, 梦幻, 之后, 真事, 隐去, 通灵, 撰此, 石头记, 一书...
1    诗云, 一局, 输赢, 料不真, 香销, 尽尚, 遭巡, 欲知, 目下, 兴衰, 旁观, 冷眼, 却纵, 封束, 听见...
2    却说, 雨村, 回头, 看时, 不是, 别人, 乃是, 当日, 同僚, 一案, 参革, 张如, 圭, 本系, 革后, 张...
3    却说, 黛玉同, 姊妹, 王夫人, 王夫人, 兄嫂, 计议, 家务, 姨母, 家遭, 人命官司, 等语, 因见, 王夫...
4    第四回, 薛家, 母子, 荣府内, 寄居, 事略, 表明, 此回, 不能, 如今, 且说, 林黛玉, 自在, 荣府, 以...
         ...
115  宝玉, 一听, 的话, 往后仰, 死去, 急得, 王夫人, 哭叫, 不止, 自知, 失言, 致祸, 此时, 王夫人, 不...
116  王夫人, 打发, 人来, 宝钗, 过去, 商量, 宝玉, 听见, 和尚, 外头, 赶忙, 独自, 一前头, 师里, 师...
117  说话, 邢王二, 夫人, 尤氏, 一段话, 明知, 挽回, 王夫人, 只得, 说道, 姑娘, 行善, 前生, 夙根, 我...
118  儿见, 宝玉, 说话, 正自要, 听宝玉, 说道, 傻丫头, 告诉, 姑娘, 造化, 跟着, 自然, 造化, 姐姐, 置...
119  宝钗, 听秋纹, 不好, 连忙, 进去, 巧姐儿, 平儿, 随着, 走到, 只见, 袭人, 心痛, 难禁, 一时, 气厥...
Name: Word_str, Length: 120, dtype: object
0    [开卷, 第一回, 作者, 自云, 因曾, 历过, 一番, 梦幻, 之后, 真事, 隐去, ...
1    [诗云, 一局, 输赢, 料不真, 香销, 尽尚, 遭巡, 欲知, 目下, 兴衰, 旁观, ...
2    [却说, 雨村, 回头, 看时, 不是, 别人, 乃是, 当日, 同僚, 一案, 参革, 张...
3    [却说, 黛玉同, 姊妹, 王夫人, 王夫人, 兄嫂, 计议, 家务, 姨母, 家遭, 人命...
4    [第四回, 薛家, 母子, 荣府内, 寄居, 事略, 表明, 此回, 不能, 如今, 且说...
         ...
115  [宝玉, 一听, 的话, 往后仰, 死去, 急得, 王夫人, 哭叫, 不止, 自知, 失言...
116  [王夫人, 打发, 人来, 宝钗, 过去, 商量, 宝玉, 听见, 和尚, 外头, 赶忙...
117  [说话, 邢王二, 夫人, 尤氏, 一段话, 明知, 挽回, 王夫人, 只得, 说道, 姑娘...
118  [儿见, 宝玉, 说话, 正自要, 听宝玉, 说道, 傻丫头, 告诉, 姑娘, 造化, 跟着...
119  [宝钗, 听秋纹, 不好, 连忙, 进去, 巧姐儿, 平儿, 随着, 走到, 只见, 袭人...
Name: Word_list, Length: 120, dtype: object
```

（3）查看修改后 df_hui 数据框的前 5 条记录。

```
In [16]: df_hui.drop(columns="Text",inplace=True)    # 删除"Text"列
         df_hui.head()
```

Out[16]:

	Huiname	Firstname	Secondname	HuiNum	AllName	Start	End	LineNum	ZiShu	Word_str	Word_list
0	第一回	甄士隐梦幻识通灵	贾雨村风尘怀闺秀	1	甄士隐梦幻识通灵贾雨村风尘怀闺秀	0	49.0	49.0	7775	开卷,第一回,作者,自云,因曾,历过,一番,梦幻,之后,真事,隐去,通灵,撰此,石头记,一书...	[开卷,第一回,作者,自云,因曾,历过,一番,梦幻,之后,真事,隐去...
1	第二回	贾夫人仙逝扬州城	冷子兴演说荣国府	2	贾夫人仙逝扬州城冷子兴演说荣国府	50	79.0	29.0	5882	诗云,一局,输赢,料不真,香销,尽尚,遭巡,欲知,目下,兴衰,旁观,冷眼,却纵,封束,听见...	[诗云,一局,输赢,料不真,香销,尽尚,遭巡,欲知,目下,兴衰,旁观...
2	第三回	贾雨村夤缘复旧职	林黛玉抛父进京都	3	贾雨村夤缘复旧职林黛玉抛父进京都	80	118.0	38.0	8481	却说,雨村,回头,看时,不是,别人,乃是,当日,同僚,一案,参革,张如圭,本系,革后...	[却说,雨村,回头,看时,不是,别人,乃是,当日,同僚,一案...
3	第四回	薄命女偏逢薄命郎	葫芦僧乱判葫芦案	4	薄命女偏逢薄命郎葫芦僧乱判葫芦案	119	148.0	29.0	5898	却说,黛玉同,姊妹,王夫人,王夫人,兄嫂,计议,家务,姨母,家遭,人命官司,等语,因见,王夫...	[却说,黛玉同,姊妹,王夫人,王夫人,兄嫂,计议,家务,姨母,家遭...
4	第五回	游幻境指迷十二钗	饮仙醪曲演红楼梦	5	游幻境指迷十二钗饮仙醪曲演红楼梦	149	235.0	86.0	7417	第四回,薛家,母子,荣府内,寄居,事略,表明,此回,不能,如今,且说,林黛玉,自在,荣府,以...	[第四回,薛家,母子,荣府内,寄居,事略,表明,此回,不能,如今...

（4）自定义一个用于绘制词云的函数 plotwc()。

```
In [17]: def plotwc(words_str,title):
             plt.figure(figsize=(8,8))
             wc=WordCloud(background_color='white',
                     font_path='simhei.ttf',
                     width=1800, height=1200,
                     random_state=60,
                     stopwords=stopword).generate(words_str)
             plt.imshow(wc)
             plt.title(name,size=18)
             plt.axis('off')
             plt.show()
```

（5）调用自定义函数 plotwc()批量绘制各章回词云。

```
In [18]: import time
         print("批量绘制《红楼梦》整本书各章回词云图。")
         start_time = time.time()                # 开始绘制词云时间
         for i in np.arange(12):
             i = i * 10                          # 设置每间隔10回绘制一张词云图
             name = df_hui.Huiname[i] +":"+ df_hui.AllName[i]
             words=df_hui.loc[i,'Word_str']
             plotwc(words,name)
         end_time = time.time()-start_time       # 完成绘制词云时间
         print(f"绘制以上词云图共耗时：{end_time:.2f}"+"秒")
```

Out[18]: 批量绘制《红楼梦》整本书各章回词云图。

第一回:甄士隐梦幻识通灵,贾雨村风尘怀闺秀

此处省略了第十一回、第二十一回、……、第一百一十一回的词云图。

绘制以上词云图共耗时：61.44 秒。

（6）将已对章回预处理过的 df_hui 数据表保存为 JSON 文件或 CSV 文件。

默认转换出来的 JSON 格式是对象形式的 JSON 数据字符串，添加 force_ascii=False 参数可以保持中文输出，不会被 unicode 转码。

```
In [19]: df_hui.to_json('hlm/df_hui.json',force_ascii=False)
         df_hui.to_csv('hlm/df_hui.csv',index=None)    # 不添加索引列
```

我们也可以将其保存为其他格式文件，保存好的数据可供日后需要进行数据分析时直接使用。

4．绘制《红楼梦》整本书高频词柱形图

（1）全书词频统计。

方法一：使用 value_counts()函数对 DataFrame 进行词频统计。

```
In [20]: words_all = np.concatenate(df_hui.Word_list)  # 将各章节列表合并
         df_words = pd.DataFrame({"Word":words_all})
         word_tmp = df_words.Word.value_counts()
         word_stat = pd.DataFrame({"Word":word_tmp.index,
                                   "Number":word_tmp.values})
         word_stat["Length"] = word_stat.Word.apply(len)
         word_stat
```

Out[20]:

	Word	Number	Length
0	宝玉	3762	2
1	什么	1615	2
2	一个	1452	2
3	贾母	1230	2
4	我们	1226	2
...	...	...	...
41957	闲骨格	1	3
41958	颜鲁公	1	3
41959	烟雨	1	2
41960	白菊	1	2
41961	竿头	1	2

41962 rows × 3 columns

方法二：使用分组聚合函数进行词频统计。

```
In [21]: words_all = np.concatenate(df_hui.Word_list)
         df_words = pd.DataFrame({"Word":words_all})
         word_stat = df_words.groupby(["Word"])["Word"]. \
                       agg([("Number",np.size)])
         word_stat = word_stat.reset_index(). \
                       sort_values(by="Number",ascending=False)
         word_stat["Length"] = word_stat.Word.apply(len)
         word_stat = word_stat.reset_index(drop=True)  # 重排索引
         word_stat
```

程序运行后，得到的结果与方法一相同，结果略。

（2）绘制词频数超过 900 的柱形图。

```
In [22]: df_freq = word_stat.loc[word_stat.Number >= 900]
         df_freq.plot(kind="bar", x="Word", y="Number", label='红楼梦', \
                       figsize=(9,5))
         for x, y in enumerate(list(df_freq.Number)):   # 枚举
             plt.text(x, y+30, y, ha='center',size=12)   # 文本注释
         plt.xticks(size = 12,rotation=45)
         plt.xlabel("高频词",size=16)
         plt.ylabel("词频数",size=16)
         plt.title("预处理后全书词频数达到900及以上的柱形图",size=20)
         plt.show()
```

Out[22]:

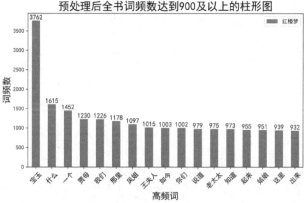

如果想要在图中显示更多的人名，则可以将这些高频词汇手动添加到停用词库中，构建一个具有针对该小说的停用词库。

5. 绘制《红楼梦》整本书各章节高频词柱形图

（1）自定义一个用于对各章节进行词频统计和绘制柱形图的函数。

```
In [23]: def plotbar(words_list,title):
             # 词频统计模块
             words,name = words_list,title
             df_words = pd.DataFrame({"Word":words})
             word_tmp = df_words.Word.value_counts()
             word_stat = pd.DataFrame({"Word":word_tmp.index,
                                       "Number":word_tmp.values})
```

```
# 提取词频数大于5的词
df_freq = word_stat.loc[word_stat.Number > 5]
# 绘制柱形图模块
df_freq.plot(kind="bar",x="Word",y="Number",label='红楼梦', \
             figsize=(9,5))
plt.xticks(size = 12,rotation=45)
plt.xlabel("高频词",size=16)
plt.ylabel("词频数",size=16)
plt.title(name,size=20)
for x, y in enumerate(list(df_freq.Number)):
    plt.text(x, y+0.2, y, ha='center',size=10)
plt.show()
plt.show()
```

（2）调用自定义函数批量绘制各章回柱形图。

```
In [24]: print("批量绘制《红楼梦》整本书各章回高频词柱形图。")
         start_time = time.time()
         for i in np.arange(12):
             i = i * 10
             name = df_hui.Huiname[i] +":"+ df_hui.AllName[i]
             words = df_hui.Word_list[i]
             plotbar(words,name)
         end_time = time.time()-start_time
         print(f"绘制以上柱形图共耗时:{end_time:.2f}"+"秒")
```

Out[24]:   批量绘制《红楼梦》整本书各章回高频词柱形图。

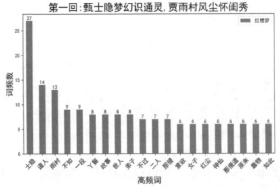

此处省略了第十一回、第二十一回、……、第一百一十一回的柱形图。

绘制以上柱形图共耗时：5.45 秒。

依据各章节的词云图和高频词柱形图，我们在开始阅读时就能快速了解到小说中提到人、物、事，提前抓住阅读重点，提高整本书的阅读效率。

7.3 文本聚类分析

聚类分析（Cluster Analysis）又被称为"群集分析"，是一组将研究对象分为相对同质的群组的统计分析技术，被广泛用于数据挖掘、机器学习、模式识别、图像分析等。聚类分析主要被应用于探索性研究，无论实际数据中是否真正存在不同的类别，利用聚类分析都能得到分成若干类别的解，增加或删除一些变量对最终解都可能产生实质性的影响。聚类分析有别于分类分析（Classification Analysis），前者为非监督式学习，后者为监督式学习。

　　文本聚类分析是聚类分析中的一个具体应用。本节将对《红楼梦》各章节的分词结果进行聚类分析，需要事先构建该文本的 TF-IDF（Term Frequency-Inverse Document Frequency）矩阵（其中，TF 是词频，IDF 是逆文本频率指数）。

1.　构建分词 TF-IDF 矩阵

　　TF-IDF 是一种统计方法，也是一种用于信息检索与数据挖掘的常用加权技术。它可用于评估一个字词对于一个文件集或一个语料库中其中一份文件的重要程度。字词的重要性随着它在文件中出现的次数呈正比增加，但同时会随着它在语料库中出现的频率呈反比下降。

　　TF-IDF 值获取的方法主要用到了 CountVectorizer() 和 TfidfTransformer() 两个函数。CountVectorizer() 函数通过 fit_transform() 函数将文本中的词语转换为词频矩阵；TfidfTransformer() 函数也有一个 fit_transform() 函数，它的作用是计算 TF-IDF 值，得到相应矩阵后再进行聚类分析。TfidfVectorizer() 函数相当于具有上面两个函数合并起来的功能，可直接生成 TF-IDF 值。

　　（1）模块加载。

```
In [1]: import pandas as pd
        import numpy as np
        import matplotlib.pyplot as plt
        from sklearn.feature_extraction.text import TfidfVectorizer
        %config InlineBackend.figure_format = 'svg'
```

　　（2）读取之前保存的 JSON 文件，并使用空格将所有分词连接为字符串和组成列表。

```
In [2]: df_hui=pd.read_json('hlm/df_hui.json')
        texts = []
        for cutword in df_hui.Word_list:
            texts.append(" ".join(cutword))
        texts
```

Out[2]:　['开卷 第一回 作者 自云 因曾 历过 一番 梦幻 之后 真事 隐去 通灵 撰此 石头记 一书 故曰 甄士隐 云云 但书中 所记 何事 何人 自又云 风尘碌碌 一事无成 念及 当日 所有 女子 一一 细考 觉其 行止 见识 出于 之上 堂堂 须眉 诚不若 裙钗 实愧 有余 无益 之大 无可如何 之日 自欲 已往 所赖 天恩祖 锦衣 饫甘餍肥 父兄 教育 之恩 师友 规谈 之德 以至 今日 一技无成 半生 潦倒 之罪 编述 一集 以告 天下人 罪固 不免 闺阁 中本 历历 有人 不可 不肖 自护己 一并 泯灭 今日 之茅 椽蓬 瓦灶 绳床 晨夕 风露 阶柳庭花 未有 襟怀 笔墨 未学 下笔 无文 何妨 假语 村言 演出 一段 故事 亦可 闺阁 昭传 复可悦 世之目 破人 愁闷 宜乎 故曰 贾雨村 云云 此回 中凡用 提醒 阅者 眼目 此书 立意 本旨 列位 看官 此书 从何而来 说起 根由 虽近 荒唐 深有 趣味 来历 注明 方使 阅者 了然 不惑 原来 女娲 炼石补天 荒山 无稽 崖练成 高经 十二 方经 二十四丈 顽石 三万 六千五百 一块 皇氏 只用 三万 六千五百 单单 一块 便弃 此山 青埂峰 谁知 此石 自经 煅炼 之后 灵性 已通 因见 石俱得 补天 自己 无材 不堪 入选 自怨 自叹 日夜 悲号 惭愧 一日 正当 嗟悼 之际 俄见 一僧 一道 远远 生得

　　（3）构建语料库，并计算"文档-词"的 TF-IDF 矩阵。

```
In [3]: tv = TfidfVectorizer()
        tfidf = tv.fit_transform(texts)    # 以稀疏矩阵的形式存储
        print(tfidf)
Out[3]: (0, 30107)        0.018971455559711912
        (0, 23438)        0.010410522032833085
        (0, 29101)        0.016394357803382466
```

```
    :      :
(119, 38284) 0.01908785804177671
(119, 567)      0.11285606369003734
(119, 5350)     0.0428339796580584
```

（4）将 tfidf 转换为数组的形式。

```
In [4]: dtm = tfidf.toarray()    # "文档-词"矩阵
        print(dtm.shape)
        dtm
```

```
Out[4]:    (120, 41961)

        array([[0.        , 0.00715556, 0.        , ..., 0.        , 0.        ,
                0.        ],
               [0.        , 0.00844311, 0.        , ..., 0.        , 0.        ,
                0.        ],
               [0.03834243, 0.04981706, 0.        , ..., 0.        , 0.        ,
                0.        ],
               ...,
               [0.        , 0.        , 0.        , ..., 0.        , 0.        ,
                0.        ],
               [0.        , 0.00722255, 0.        , ..., 0.        , 0.        ,
                0.        ],
               [0.        , 0.00877525, 0.        , ..., 0.        , 0.        ,
                0.        ]])
```

扫一扫
看微课

2. 对各章节进行 K-Means 聚类分析

余弦相似性是指通过测量两个向量的夹角的余弦值来度量它们之间的相似性，常用于计算文本相似度。余弦值的范围为[-1,1]。以本节为例，当值越趋近于-1 时，表示两个向量的方向越相反，即文本的相异性越大；当值越趋近于 1 时，表示两个向量的方向越相同，即文本越相似；当值接近于 0 时，表示两个向量近乎正交，夹角的余弦越小，即文本之间相关性越差。

K-Means 算法是一种典型的基于划分的聚类算法，也是一种无监督学习算法。K-Means 算法的思想很简单，对给定的样本集，用欧氏距离作为衡量数据对象之间相似度的指标，相似度与数据对象之间的距离成反比，相似度越大，距离越小。其步骤是，预先将数据分为 K 组，随机选取 K 个对象作为初始的聚类中心，计算每个对象与各个种子聚类中心之间的距离，把每个对象分配给距离它最近的聚类中心。聚类中心及分配给它们的对象就代表一个聚类。每分配一个样本，聚类中心会根据聚类中现有的对象被重新计算。这个过程将不断重复直到满足某个终止条件。

下面使用 K-Means 聚类算法对 TF-IDF 矩阵中的数据进行聚类分析，得到每一章所属的类别。这里的聚类分析使用到了 NLTK（Natural Language Toolkit，自然语言处理工具）库，是 NLP 领域中最常使用的一个 Python 库。

（1）模块加载。

```
In [5]: from nltk.cluster.kmeans import KMeansClusterer
        from nltk.cluster.util import cosine_distance
```

（2）使用夹角余弦距离进行 K-Means 聚类。

```
In [6]: kmeans = KMeansClusterer(num_means=3,              # 设置聚类数目
                          distance=cosine_distance,)       # 夹角余弦距离
```

```
kmeans.cluster(dtm)
category = [kmeans.classify(i) for i in dtm]
df_kmeans = df_hui[["Huiname","AllName"]]        # 新建数据框df_kmeans
df_kmeans["Category"] = category                 # 新增"Category"列
df_kmeans
```

Out[6]:

	Huiname	AllName	Category
0	第一回	甄士隐梦幻识通灵,贾雨村风尘怀闺秀	0
1	第二回	贾夫人仙逝扬州城,冷子兴演说荣国府	0
2	第三回	贾雨村夤缘复旧职,林黛玉抛父进京都	1
3	第四回	薄命女偏逢薄命郎,葫芦僧乱判葫芦案	2
4	第五回	游幻境指迷十二钗,饮仙醪曲演红楼梦	1
...	...	...	...
115	第一一六回	得通灵幻境悟仙缘,送慈柩故乡全孝道	1
116	第一一七回	阻超凡佳人双护玉,欣聚党恶子独承家	1
117	第一一八回	记微嫌舅兄欺弱女,惊谜语妻妾谏痴人	1
118	第一一九回	中乡魁宝玉却尘缘,沐皇恩贾家延世泽	2
119	第一二零回	甄士隐详说太虚情,贾雨村归结红楼梦	1

120 rows × 3 columns

（3）分组聚合。

```
In [7]: count = df_kmeans.groupby("Category").count()
        count    # 查看每类有多少个分组
```

Out[7]:

Category	Huiname	AllName
0	34	34
1	80	80
2	6	6

（4）将分组聚合后的数据可视化。

```
In [8]: count.plot(kind='barh',figsize=(8,4))
        for x,y,s in zip(count.index,count.Huiname,count.Huiname):
            plt.text(y+0.5,x-0.05,s)
        plt.ylabel("Cluster")
        plt.xlabel("Number")
        plt.show()
```

Out[8]:

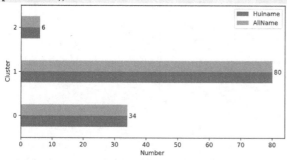

扫一扫
看微课

3. MDS 降维

使用 MDS（Multidimensional Scaling，多维标度）方法对 TF-IDF 矩阵进行降维处理。MDS 是一种低维嵌入算法，是一组通过直观的空间图表示研究对象的感知和偏好的分析方法，属于多重变量分析的方法之一，是市场营销学、社会学、数量心理学等统计实证分析的常用方法。其核心思想是降维后，点与点之间的欧式距离不变，即在保障原始空间与低维空间样本之间距离一致的前提下，将高维数据进行降维。

（1）模块加载。

```
In [9]: from sklearn.manifold import MDS
        plt.rcParams['font.sans-serif'] = 'SimHei'      # 显示中文字体
        plt.rcParams['axes.unicode_minus'] = False      # 显示负号
```

（2）数据降维。

```
In [10]: mds = MDS(n_components=2, random_state=2023)    # 维度数为2
         dim = mds.fit_transform(dtm)
         print(dim.shape)
Out[10]: (120, 2)
```

（3）绘制 MDS 降维后的散点图。

```
In [11]: plt.figure(figsize=(7,7))
         plt.scatter(dim[:,0],dim[:,1],c=df_kmeans.Category)
         for i in np.arange(120):
             plt.text(dim[i,0]+0.02,dim[i,1],df_hui.HuiNum[i])
         plt.xlabel("X")
         plt.ylabel("Y")
         plt.title("MDS降维")
         plt.show()
```

Out[11]:

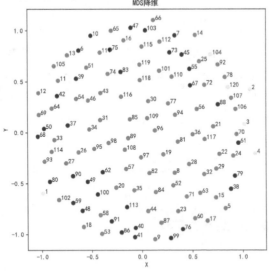

4. PCA 降维

PCA（Principal Component Analysis，主成分分析）是一种常见的降维算法，通过把数据从高维映射到低维来降低特征维度，同时保留尽可能多的信息。降维的目的在于使得数据更直观、更易读，降低算法的计算开销和去除噪声等。PCA 降维过程其实就是一个对称矩阵对角化的过程，其主要性质是，保留了最大的方差方向，使从变换特征回到原始特征的误差最小，方差值越大表示成分越重要。实现过程类似于 MDS 降维。

```
In [12]: from sklearn.decomposition import PCA
         pca = PCA(n_components=2)
         pca.fit(dtm)
         print("各主成分的方差值:",pca.explained_variance_)
         print("占总方差值的比例:",pca.explained_variance_ratio_)
         dim = pca.fit_transform(dtm)
         plt.figure(figsize=(7,7))
         plt.scatter(dim[:,0],dim[:,1],c=df_kmeans.Category)
         for i in np.arange(120):
             plt.text(dim[i,0]+0.02,dim[i,1],df_hui.HuiNum[i])
         plt.xlabel("主成分1")
         plt.ylabel("主成分2")
         plt.title("PCA降维")
         plt.show()
```

Out[12]:　各主成分的方差值: [0.02961671 0.0235052]

占总方差值的比例: [0.03521851 0.02795105]

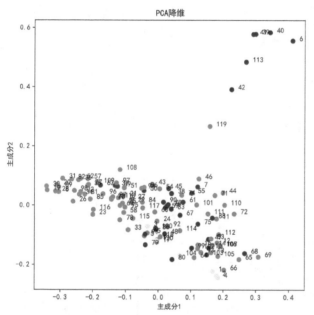

扫一扫
看微课

从 PCA 降维图中可以看出，小说中有部分章节与主体章节偏离较远。

5. HC 聚类

HC 聚类（Hierarchical Clustering，层次聚类）是聚类算法的一种，通过计算不同类别数据点间的相似度来创建一棵有层次的嵌套聚类树，不同类别的原始数据点是树的底层，树的顶层是一个聚类的根节点。层次聚类算法分为自上而下和自下而上两种方法。自下而上是指一开始就将每个数据点视为一个单一的类，然后依次合并类，直到所有类合并成一个包含所有数据点的单一聚类。而自上而下则相反。

使用欧式距离对 TF-IDF 矩阵进行层次聚类，并绘制树状图。

```
In [13]: from scipy.spatial.distance import pdist,squareform
         from scipy.cluster.hierarchy import dendrogram,ward
         labels = df_hui.Huiname.values
         euc_matrix = squareform(pdist(dtm,'euclidean'))      # 欧式距离
         dist = ward(euc_matrix)                              # 根据距离聚类
         fig, ax = plt.subplots(1,1,figsize=(10, 15))
         ax = dendrogram(dist,orientation='right', labels=labels) # 绘制树状图
         plt.yticks(size = 8)
         plt.title("《红楼梦》整本书各章节HC聚类")
         plt.tight_layout()
         plt.savefig('hlm/HC聚类.jpg')                         # 图片保存
         plt.show()
Out[13]:
```

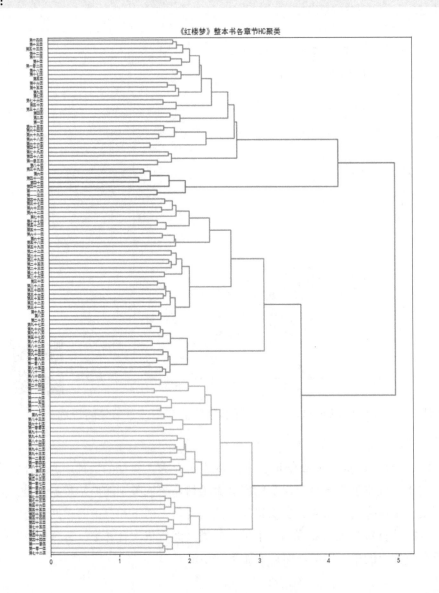

从上图中可以看出，使用系统聚类树可以更加灵活地确定聚类的数目。

6. t-SNE 降维

扫一扫
看微课

t-SNE（t-distributed Stochastic Neighbor Embedding）是一种非线性降维算法，可将高维数据降维到二维或三维数据。在大数据时代，数据不仅越来越大，且越来越复杂，大量数据集被嵌入高维空间中，但这些数据又具有很低的内在维度。换句话说，高维数据经过降维后，在低维状态下更能显示出其本质特性。

t-SNE 降维主要包括以下两个步骤。

- t-SNE 构建一个高维对象之间的概率分布，使得相似的对象被选择的概率更高，而不相似的对象被选择的概率较低。
- t-SNE 在低维空间里构建这些点的概率分布，使得这两个概率分布之间尽可能相似。

这里使用 KL（Kullback-Leibler Divergence）散度来度量两个分布之间的相似性。

本实验沿用前面处理好的"文档-词"的 TF-IDF 矩阵数据，使用 t-SNE 方法对高维数据降维并可视化。

```
In [14]: from sklearn.manifold import TSNE
         tsne=TSNE(n_components=3,          # 维度数
                   metric='euclidean',      # 欧式距离
                   init='pca',              # 初始化，可选random或者pca
                   random_state=1234)       # 设置随机种子
         dtm_tsne = tsne.fit_transform(dtm)
         fig = plt.figure(figsize=(6,6))
         ax = fig.add_subplot(projection = "3d")
         ax.scatter(dtm_tsne[:,0],dtm_tsne[:,1],dtm_tsne[:,2],c="blue")
         ax.view_init(30,45)                # 视图角度
         plt.xlabel("章节段落数")
         plt.ylabel("章节字数",rotation=-30)
         plt.title("t-SNE降维",size=18)
         plt.show()
```

Out[14]:

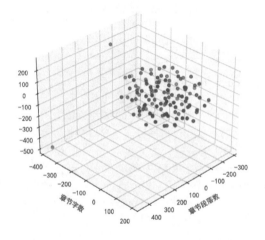

t-SNE降维

扫一扫
看微课

从上图中可以看出，《红楼梦》小说中的大部分章节的位置出现在一起，各章节之间的相似性很高，因此，可以认为整本书叙述的是同一件事。

扫一扫
看微课

7. LDA 主题模型

LDA（Latent Dirichlet Allocation）主题模型既是一种文档生成模型，又是一种典型的词袋模型。它认为一篇文档可以包含多个主题，而每个主题又对应着不同的词，词与词之间没有顺序及先后的关系。一篇文章的构造过程，首先以一定的概率选择某个主题，然后在这个主题上以一定的概率选出某一个词，这样就生成了这篇文章的第一个词。不断重复这个过程，就会生成整篇文章。另外，它还是一种无监督式学习的聚类算法，在训练时不需要手动标注训练集，仅需提供文档集及指定主题的数量 k 即可。

LDA 主题模型的使用是上述文档生成的逆过程，它将根据一篇文章，寻找这篇文章的主题及这些主题对应的词。

LDA 主题模型在机器学习和自然语言处理等领域是用来在一系列文档中发现抽象主题的一种统计模型，在社会网络和社会媒体研究领域最为常见，现已成为主题建模的一个标准。简而言之，如果一篇文章有一个中心思想，那么一些特定词语会频繁出现。例如，一个语料库中有 3 个主题：体育、科技和电影，要求写成一个剧本。一篇描述电影制作过程的文档，可能同时包含主题科技和主题电影，而主题科技中有一系列的词，这些词和科技有关，并且它们有一个概率，代表的是以科技为主题的文章中这些词出现的概率。同理，在主题电影中也有一系列和电影有关的词，对应其出现概率。当生成一篇关于电影制作的文档时，首先随机选择某一主题，选择科技和电影两个主题的概率更高；然后选择单词，选择那些与主题相关的词的概率更高。这样就完成了一个单词的选择。不断选择 N 个词就能组成一篇文档。

使用 Python 实现主题模型的方法有很多种。本案例使用 sklearn 包实现 LDA 主题模型并可视化。

（1）模块加载。

```
In [15]: from sklearn.feature_extraction.text import CountVectorizer
         from sklearn.decomposition import LatentDirichletAllocation
```

（2）构建"词频-文档"矩阵。

```
In [16]: cv = CountVectorizer(max_features=10000)
         tf = cv.fit_transform(texts)
         tf_feature_names = cv.get_feature_names()
         print(tf_feature_names[10:20])          # 查看文本中的10个分词
         tf.toarray()[10:20,10:20]               # 显示10行10列数组信息
Out[16]: ['一两个', '一两件', '一两天', '一两日', '一两样', '一个',
          '一个个', '一个头', '一个月', '一串']
         array([[ 0,  0,  0,  0,  0,  5,  0,  0,  0,  0],
                [ 0,  0,  0,  0,  0,  8,  0,  0,  0,  0],
                [ 0,  0,  0,  0,  0,  6,  0,  0,  2,  0],
                [ 0,  0,  0,  0,  0,  7,  0,  0,  1,  0],
```

```
                  [ 0,  0,  0,  0,  0,  5,  0,  0,  0,  2],
                  [ 0,  0,  0,  0,  0,  8,  0,  0,  0,  0],
                  [ 0,  0,  0,  0,  0,  9,  0,  0,  0,  0],
                  [ 0,  0,  0,  0,  0,  6,  1,  0,  0,  1],
                  [ 0,  0,  0,  0,  0, 16,  0,  0,  0,  0],
                  [ 0,  0,  0,  0,  0, 13,  0,  0,  0,  0]], dtype=int64)
```

（3）设置主题数及模型应用。

```
In [17]: n_topics = 3  # 主题数
         lda = LatentDirichletAllocation(n_components=n_topics,
                                         max_iter=25,
                                         learning_method='online',
                                         learning_offset=50.,
                                         random_state=123)
         lda.fit(tf)     # 将模型应用于数据
```

（4）构建某章节属于某主题的 DataFrame。

```
In [18]: ch_topics = pd.DataFrame(lda.transform(tf),
                                  index=df_hui.Huiname,
                                  columns=np.arange(n_topics)+1)
         ch_topics.head()
```

Out[18]:

Huiname	1	2	3
第一回	0.999486	0.000265	0.000248
第二回	0.999369	0.000325	0.000306
第三回	0.999623	0.000191	0.000186
第四回	0.446834	0.552899	0.000268
第五回	0.999433	0.000287	0.000280

（5）查看各章节归类的主题。

```
In [19]: # 找到大于相应值的索引
         np.where(ch_topics >= np.min(ch_topics.apply(max,axis=1).values))
Out[19]: (array([  0,   1,   2,   3,   4,   5,   6,   7,   8,   9,  10,  11,  12,
                  13,  14,  15,  16,  17,  18,  19,  20,  21,  22,  23,  24,  25,
                  26,  27,  28,  29,  30,  31,  32,  33,  34,  35,  36,  37,  38,
                  39,  40,  41,  42,  43,  44,  45,  46,  47,  48,  49,  50,  51,
                  52,  53,  54,  55,  56,  57,  58,  59,  60,  61,  62,  63,  64,
                  65,  66,  67,  68,  69,  70,  71,  72,  73,  74,  75,  76,  77,
                  78,  79,  80,  81,  82,  83,  84,  85,  86,  87,  88,  89,  90,
                  91,  92,  93,  94,  95,  96,  97,  98,  99, 100, 101, 102, 103,
                 104, 105, 106, 107, 108, 109, 110, 111, 112, 113, 114, 115, 116,
                 117, 118, 119], dtype=int64),
          array([0, 0, 0, 1, 0, 0, 0, 0, 0, 0, 0, 0, 0, 0, 0, 0, 0, 0, 0, 0, 0, 0,
                 0, 0, 0, 0, 0, 0, 0, 0, 0, 0, 0, 0, 0, 0, 0, 0, 0, 0, 0, 0, 0, 0,
                 0, 0, 0, 0, 0, 0, 0, 0, 0, 0, 0, 0, 0, 0, 0, 0, 0, 0, 0, 0, 0, 0,
                 0, 0, 0, 0, 0, 0, 0, 0, 0, 0, 0, 0, 0, 0, 0, 0, 0, 0, 0, 0, 0, 0,
                 0, 0, 0, 0, 0, 0, 0, 0, 0, 0, 0, 0], dtype=int64))
```

输出的第一个数组代表章节的索引，第二个数组代表所归类别的索引。从所归的类别结果中可以看出，这些章节很可能具有相同的主题。

（6）绘制由不同主题关键词组成的水平直方图。

```
In [20]: topic_words = 30
         # argsort()函数用于对数组中的元素按小到大的顺序排列，提取其对应的索引值
         for topic_id,topic in enumerate(lda.components_):
```

```
       df_tmp = pd.DataFrame(
           {"word":[tf_feature_names[i] for i in topic.argsort() \
                   [:-topic_words-1:-1]], # 反向取值
           "componets":topic[topic.argsort()[:-topic_words-1:-1]]})
           df_tmp.sort_values(by = "componets").plot(kind = "barh",
                                                     x = "word",
                                                     y = "componets",
                                                     figsize = (6,8),
                                                     legend = False)
       plt.yticks(size = 10)
       plt.ylabel("")
       plt.title(f"主题{topic_id+1}",size=16)
       plt.show()
```

Out[20]:

主题1

主题2

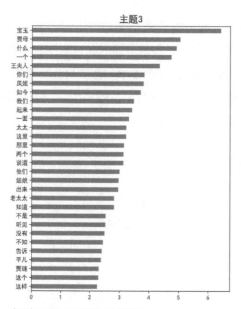

主题3

（7）查看不同主题的关键词。

```
In [21]: def print_topic_words(model, feature_names, topic_words):
             for topic_id, topic in enumerate(model.components_):
                 print(f'主题{int(topic_id + 1)}:')
                 print(''.join([feature_names[i]+' '+str(round(topic[i],2))
                     +'|' for i in topic.argsort()[:-topic_words-1:-1]]))
         print("-" * 65)     # 以虚线分隔
         topic_words = 5       # 设置各主题排名前5的关键词
         tf_feature_names = cv.get_feature_names()
         print_topic_words(lda, tf_feature_names, topic_words)
Out[21]: 主题1:
         宝玉 2830.64|什么 1214.15|一个 1090.38|贾母 924.77|我们 921.86|
         -----------------------------------------------------------------
         主题2:
         宝玉 23.01|门子 12.52|拐子 12.24|王夫人 11.54|雨村 10.45|
         -----------------------------------------------------------------
         主题3:
         宝玉 6.42|贾母 5.04|什么 4.92|一个 4.74|王夫人 4.35|
         -----------------------------------------------------------------
```

从输出结果可知，当以 LAD 主题模型来分析《红楼梦》时，发现预设的 3 个主题都是以"宝玉"为核心人物来编写小说的，其中各主题中有多个高频关键词重复出现，如"贾母"与"王夫人"等，这也说明了该小说的各章节都是围绕同一件事情进行叙述的。

本章小结

作为一名优秀的数据分析师不仅要能驾驭结构化数据，还应该具有分析大型文本数据及可视化的职业能力。本章以《红楼梦》经典小说为案例进行文本数据处理分析及可视化，介绍了如何读取和处理大型文本数据的方法，如何将分词结果与停用词相结合来绘制词云及定制化词云图，重点介绍了使用自定义函数批量绘制各章节词云和柱形图。此外，还介绍了以分词 TF-IDF 矩阵为基础，常用的几种文本聚类分析方法，包括 K-Means 聚类、MDS 聚类、PCA 聚类和 HC 聚类等。最后，简要介绍了什么是 LDA 主题模型，以及使用 LDA 对小说中各主题最主要的关键词进行可视化展示与结果分析。

本章习题

一、单选题

1．在 Python3 中，正则表达式'\w'可以匹配的内容最接近的是（   ）。

A．仅数字

B．仅特殊字符

C．仅小写英文字符

D．含大写/小写英文字符和数字

2．如果要统计、显示整数数组中每个取值出现的次数，则以下图表比较合适的是（   ）。

A．直方图   B．误差棒图

C．箱形图   D．热力图

3．已知数组[4,6,14,5,8,12]，对其进行最大最小归一化处理后，结果为（   ）。

A．[1.13, -0.59, 1.59 -0.86 -0.045 1.04]

B．[0, 0.2, 1, 0.1, 0.4, 0.8]

C．[0.4,   0.6, 1.4   0.5   0.8, 1.2]

D．[0.49, 0.73,   1.71, 0.61, 0.98, 1.47]

4．某批样本[性别]字段值为"男"或"女"，如果想要将其分别转换成数值 1 和 0，则下列转换语句的空白位置应填写的内容是（   ）。

```
np._____(df['性别']== '男', 1, 0)
```

A．select   B．if

C．where   D．replace

5．下列能展现聚类效果的图像是（   ）。

A.
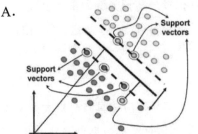

B.
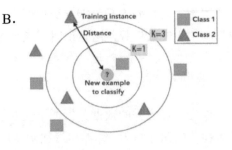

C.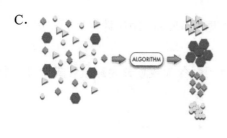

D.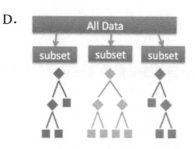

二、多选题

1. 下列能匹配正则表达式'\d{3,4}-\d{7,8}'的字符串是（　　）。

A. '010-1234567'
B. '010-12345678'
C. '010-123456789'
D. '0123-1234567'

2. 对于某个数组，能说明该数组的样本取值较为分散的选项是（　　）。

A. 中位数很大
B. 各元素偏差很大
C. 方差很大
D. 标准差很大

3. 关于监督学习与非监督学习的说法正确的是（　　）。

A. 聚类是一种典型的非监督学习算法

B. 监督学习往往需要人工事先标注大量的数据

C. 监督学习在模型训练过程中需要使用样本的标签

D. 非监督学习在模型训练过程中无须使用样本的标签

4. 按照工作任务分，机器学习可分为的类型有（　　）。

A. 回归
B. 分类
C. 聚类
D. 自然语言处理

5. 下列可以将文本值转换成从 0 开始自增长的整数形式的函数是（　　）。

A. LabelEncoder()
B. OneHotEncoder()
C. OrdinalEncoder()
D. pandas.Categorical()

三、判断题

1. 在使用 re 模块进行文本匹配时，如果想要在多行文本中查找，则可以指定 re.M 选项。　　　　　　　　　　　　　　　　　　　　　　　　　　　　　（　　）

2. 在使用 re 模块进行文本匹配时，只能处理单行文本。　　　　　　　（　　）

3. 在正则表达式语法中，"."可以匹配任意字符。　　　　　　　　　　（　　）

4. 在 K-Means 算法中，由簇的平均值来代表整个簇。　　　　　　　　（　　）

5. 高维情形下出现的数据样本稀疏、距离计算困难等问题，是所有机器学习方法共同面临的严重阻碍。　　　　　　　　　　　　　　　　　　　　　　　　　（　　）

6. 降维是缓解维数灾难的一个重要途径，即通过某种数学变换将原始高维属性空间转变为一个低维"子空间"，在这个子空间中，样本密度大幅提高，距离计算也变得更为容易。

（　　）

7. 根据训练数据是否拥有标记信息，可以将学习任务大致划分为有监督式学习和半监督式学习。

（　　）

四、操作题

从互联网上下载任意一本电子版的小说或使用本教材提供的小说《好人平安》（文件名为 "PingAn.txt"）。需要注意的是，要保持小说的主角姓名是完整的，如《好人平安》小说中男主角傅平安，在分词时要保留全名，切勿拆分成"傅"和"平安"；此外，分词结果必须为字数大于 1 的词。完成以下操作。

（1）计算小说各章节起始行、结束行及每章节的段落数和字数。

（2）绘制小说各章节词云。

（3）绘制全书词频大于 100 及各章节词频大于 5 的柱形图。

第8章

电商订单数据处理与客户价值分析

学习目标

- 熟悉电商平台数据处理与分析的步骤和流程。
- 掌握电商平台数据可视化常用的方法。
- 了解客户价值概念和 RFM 模型的基本原理。
- 掌握用户复购率的计算方法。
- 掌握针对不同价值客户制定相应营销策略的方法。

信息时代的来临使得企业营销焦点从产品转向了客户，由于客户是企业经营体系中经济创造的重要一环，因此企业的经济收入大部分都来自客户，科学的客户价值理念是企业立足于时代发展的重要保障。客户关系管理（Customer Relationship Management，CRM）是一个系统，包括市场、销售和服务三大领域，是一种"以客户为中心"的商业理念，通过在企业和客户之间建立、维系并提升良好的关系，培养企业的忠实客户，从而达到客户价值和企业利润的最大化，实现双方的合作共赢。

在数据经济的不断发展和数据科学日渐成熟的背景下，数据作为重要的生产要素已经融入各行各业中，数据与数据分析变成企业发展的核心内容，特别是电子商务数据分析与电商企业运营决策。当前，数据分析已贯穿产品开发、市场规划、产品销售、运营管理、客户服务等企业经营管理全过程，能否高效准确地对海量数据进行处理和分析，及时获取企业内部运营状况和外部市场情况，进行有效决策，成为企业能否长远发展的重要因素。

当前，数据分析越来越受到企业的重视，在数字经济发展中发挥着重要作用。

如何从客户的购买行为数据中了解和掌握客户真实需求成为竞争的关键因素。鉴于此，我们以 2021 年电商平台线上实际交易数据为依据，根据客户全生命周期各阶段的特点，从客户、商家及商品 3 个方面综合应用数据挖掘分析方法进行系统、全面的客户行为分析研究，以达到为网店经营者提供决策支持的目的。帮助商家寻找保持现有客户，发掘潜在客户，提升客户价值具体的、有针对性的途径，使网店经营者在客户全生命周期的各个阶段都能制定符合自身特点的经营策略。本章主要从以下几个方面进行分析。

（1）数据预处理，处理与业务流程不符的数据、空数据和数据类型不一致的数据等。

（2）计算 2021 年交易总金额（GMV）、总销售额、实际销售额、退货率和客单价。

（3）计算 2021 年每月的 GMV、销售额、实际销售额及绘制月交易额趋势图。

（4）绘制各渠道 GMV 占比圆环图。

（5）分别绘制星期一至星期日下单量和每日各时段下单量的柱形图。

（6）以月为周期对客户进行复购率分析。

（7）结合 RFM 模型筛选特征。

（8）绘制 8 种不同价值客户的占比饼图。

扫一扫
看微课

8.1 电商订单数据处理与分析

随着信息技术的飞速发展，依托电子商务的线上购买模式已经逐渐成为消费者获得商品的主要途径。以淘宝、微信、抖音等 APP 和网站为代表的交易模式线上购物平台，搭建了非常灵活多样的交易方式，随着日趋活跃交易的同时，所产生的海量交易数据日渐引起了商家、厂家和平台的重视。常见的线上交易方式主要有以下几种。

- B2B：商家对商家（企业卖家对企业买家），交易双方都是企业，最典型的案例是阿里巴巴，汇聚了各行业的供应商，特点是订单量一般较大。
- B2C：商家对个人（企业卖家对个人买家），如唯品会，聚美优品等。
- B2B2C：商家对商家/对个人，如天猫、京东等。
- C2C：个人（卖家）对个人（买家），如淘宝、人人车等。
- O2O：线上（售卖）到线下（提货），将线下的商务机会与互联网结合，让互联网成为线下交易的平台，让消费者在享受线上优惠价格的同时，又可以享受线下贴心的服务，如美团、苏宁易购、大众点评等。
- C2B：个人对商家（个人买家对企业卖家），先由消费者提出需求，后由商家按需求组织生产，如尚品宅配等。

- 其他：ABC（代理—商家—消费者）、F2C（工厂—个人）、B2G（政府采购）、BoB（供应商—运营者—采购商）、SoLoMo（社交—本地化—移动端）等。

随着电商平台的不断发展，电商的竞争也日益激烈，为了有效提高平台和店铺的销量，稳定客流，需要提前做好营销策划，找准运营方向。拥有良好的信息数据处理技术能够帮助平台、企业和商家对客户群体及其需求进行数据总结和处理，更好地了解客户需求，实现与客户的有效沟通，进而制造或销售更适合客户的产品，保障多方利益最大化。

1. 数据探查

在进行数据分析前，需要对整体数据进行探索，预先了解数据结构及其相关信息，这里使用 Excel 打开 E-comm2021.xlsx 文件查看其内容，文件部分数据如图 8-1 所示。

id	orderID	userID	goodsID	orderAmount	payment	chanelID	platfromType	orderTime	payTime	chargeback
1	sys-2020-254118088	customer-157213	JDG-00006491	495.67	495.67	渠道-39	APP	2020-02-14 12:20:36	2021-02-28 13:38:41	False
2	sys-2020-263312190	customer-191121	JDG-00058390	634.04	634.04	渠道-76	微信	2020-08-14 09:40:34	2021-01-01 14:47:14	True
3	sys-2020-188208169	customer-211918	JDG-00008241	953.73	939.28	渠道-53	薇·信	2020-11-02 20:17:25	2021-01-19 20:06:35	False
4	sys-2020-203314910	customer-201322	JDG-00030253	857.54	760.15	渠道-53	WEB	2020-11-19 10:36:39	2021-01-07 12:24:35	False
5	sys-2020-283989279	customer-120872	JDG-00029046	803.87	795.61	渠道-52	APP	2020-12-26 11:19:16	2021-10-01 07:42:43	False
6	sys-2021-279103297	customer-146548	JDG-00056475	667.33	667.33	渠道-39	微信	2021-01-01 00:12:23	2021-01-01 00:13:37	False
7	sys-2021-316686066	customer-104210	JDG-00070902	1834.13	1776.8	渠道-39	薇·信	2021-01-01 00:23:06	2021-01-01 00:23:32	False
8	sys-2021-306447069	customer-104863	JDG-00049963	837.32	818.33	渠道-00	APP	2021-01-01 01:05:50	2021-01-01 01:06:17	False
9	sys-2021-290267674	customer-206155	JDG-00025318	1144.5	1092.45	渠道-33	APP	2021-01-01 01:16:12	2021-01-01 01:16:25	False
10	sys-2021-337079027	customer-137939	JDG-00076876	641.93	641.93	渠道-52	支付宝	2021-01-01 01:31:00	2021-01-01 01:31:36	False
11	sys-2021-417411381	customer-181957	JDG-00048356	271.45	271.45	渠道-00	APP	2021-01-01 01:36:17	2021-01-01 01:36:56	False
12	sys-2021-254286596	customer-174586	JDG-00032245	827.13	827.13	渠道-28	微信	2021-01-01 01:37:00	2021-01-01 01:37:14	False
13	sys-2021-303647260	customer-178023	JDG-00068545	1302.55	1246.52	渠道-76	APP	2021-01-01 02:11:23	2021-01-01 02:12:56	False
14	sys-2021-347419495	customer-209896	JDG-00048355	652.87	598.84	渠道-39	APP	2021-01-01 02:31:13	2021-01-01 02:32:40	False
15	sys-2021-384544993	customer-148994	JDG-00000490	3511.63	3511.63	渠道-53	薇·信	2021-01-01 02:57:12	2021-01-01 02:57:42	False
16	sys-2021-322802617	customer-125220	JDG-00081204	667.55	4460.336684	渠道-53	微信	2021-01-01 07:59:45	2021-01-01 07:59:59	False
17	sys-2021-399101394	customer-183645	JDG-00002570	1077.44	927.42	渠道-52	APP	2021-01-01 08:07:36	2021-01-01 08:07:58	False
18	sys-2021-274413321	customer-162256	JDG-00081358	382.63	355.58	渠道-53	APP	2021-01-01 08:16:08	2021-01-01 08:25:50	False
19	sys-2021-362677803	customer-217238	JDG-00040074	468.21	406.16	渠道-78	AP P	2021-01-01 08:19:52	2021-01-01 08:20:44	True
20	sys-2021-374760886	customer-266455	JDG-00086705	293.54	293.54	渠道-52	WEB	2021-01-01 08:26:13	2021-01-01 08:26:48	False
21	sys-2021-382631761	customer-164587	JDG-00083983	764.79	670.17	渠道-28	APP	2021-01-01 08:52:12	2021-01-01 08:52:35	False
22	sys-2021-275435502	customer-257339	JDG-00045877	1001.32	932.51	渠道-98	微信	2021-01-01 08:59:50	2021-01-01 09:00:49	False
23	sys-2021-331632417	customer-156861	JDG-00091692	660.09	580	渠道-39	微信	2021-01-01 09:08:45	2021-01-01 12:59:38	False
24	sys-2021-339816516	customer-157911	JDG-00061608	485.79	416.47	渠道-28	APP	2021-01-01 09:20:09	2021-01-01 09:20:26	False
25	sys-2021-380137299	customer-101342	JDG-00019025	559.78	559.78	渠道-39	APP	2021-01-01 09:22:23	2021-01-01 09:22:45	False
26	sys-2021-254565706	customer-187303	JDG-00076586	1299.1	1120.37	渠道-78	AP P	2021-01-01 09:22:53	2021-01-01 09:23:40	False
27	sys-2021-338578746	customer-141237	JDG-00073960	777.23	753.28	渠道-53	APP	2021-01-01 09:37:12	2021-01-01 09:37:35	False
28	sys-2021-270315594	customer-200791	JDG-00099769	646.26	615.17	渠道-28	微信	2021-01-01 09:41:42	2021-01-01 09:42:06	False
29	sys-2021-386430384	customer-174644	JDG-00073123	2282.3	2282.3	渠道-52	APP	2021-01-01 09:45:07	2021-01-01 09:48:10	False
30	sys-2021-258810920	customer-155961	JDG-00027473	559.54	559.54	渠道-52	微信	2021-01-01 09:50:47	2021-01-01 09:51:25	False
31	sys-2021-228945096	customer-175234	JDG-00037179	1223.49	1223.49	渠道-52	APP	2021-01-01 09:58:00	2021-01-01 09:58:27	False
32	sys-2021-281617575	customer-216960	JDG-00007235	460.19	460.19	渠道-46	APP	2021-01-01 10:03:31	2021-01-01 10:05:01	False
33	sys-2021-312977859	customer-247890	JDG-00037344	291.43	245.2	渠道-53	微信	2021-01-01 10:09:37	2021-01-01 10:09:53	False
34	sys-2021-340304687	customer-192150	JDG-00007365	799.38	733.77	渠道-98	微信	2021-01-01 10:11:13	2021-01-01 10:16:53	False
35	sys-2021-384771348	customer-166182	JDG-00044133	1185	1185	渠道-53	APP	2021-01-01 10:17:37	2021-01-01 10:17:49	False
36	sys-2021-317895089	customer-227371	JDG-00070477	642.71	565.81	渠道-53	支·付·宝	2021-01-01 10:19:28	2021-01-01 10:20:27	False

图 8-1　E-comm2021.xlsx 文件部分数据

图 8-1 中的电商订单数据特征表示如下所示。

- orderID：订单 ID。
- userID：客户 ID。
- goodsID：商品 ID。
- orderAmount：商品订单价格。
- payment：实际支付价格。
- chanelID：商品销售渠道。
- platfromType：电商平台类型。
- orderTime：用户下单时间。
- payTime：用户支付时间。

扫一扫
看微课

- chargeback：退单拒付。

从图 8-1 中可以非常直观地发现，"platfromType"列中同样的内容但格式却不相同，如有的写"支付宝"，有的写"支·付·宝"；此外，还发现"orderTime"列中存在 2020 年的数据，支付时间早于下单时间等，因此需要对该数据表进行相关处理。

2. 数据预处理

经过数据探查后发现该表数据并不完备，除了发现的上述问题，是否还存在其他问题，如各列中是否存在缺失值、重复值及异常值等。下面将对 E-comm2021.xlsx 文件进行相关处理。

（1）模块加载。

```
In [1]: import numpy as np
        import pandas as pd
        import matplotlib.pyplot as plt
        from datetime import datetime
        plt.rcParams['font.sans-serif'] = 'SimHei'
        %config InlineBackend.figure_format = 'svg'
```

（2）查看 DataFrame 摘要信息。

```
In [2]: df_order = pd.read_excel('data/E-comm2021.xlsx', index_col='id')
        df_order.info()
Out[2]: <class 'pandas.core.frame.DataFrame'>
        Int64Index: 104557 entries, 1 to 104557
        Data columns (total 10 columns):
         #   Column        Non-Null Count   Dtype
        ---  ------        --------------   -----
         0   orderID       104557 non-null  object
         1   userID        104557 non-null  object
         2   goodsID       104557 non-null  object
         3   orderAmount   104557 non-null  float64
         4   payment       104557 non-null  float64
         5   chanelID      104549 non-null  object
         6   platfromType  104557 non-null  object
         7   orderTime     104557 non-null  datetime64[ns]
         8   payTime       104557 non-null  datetime64[ns]
         9   chargeback    104557 non-null  bool
        dtypes: bool(1), datetime64[ns](2), float64(2), object(5)
        memory usage: 8.1+ MB
```

从摘要中可以发现，"chanelID"列中有缺失值，后面操作将会对该列缺失值进行处理。

（3）修改拼写错误的列索引名。

```
In [3]: df_order.rename(columns={'chanelID': 'channelID',
                         'platfromType': 'platformType'},inplace=True)
        df_order
```

Out[3]:

id	orderID	userID	goodsID	orderAmount	payment	channelID	platformType	orderTime	payTime	chargeback
1	sys-2020-254116088	customer-157213	JDG-00006491	495.67	495.67	渠道-39	APP	2020-02-14 12:20:36	2021-02-28 13:38:41	False
2	sys-2020-263312190	customer-191121	JDG-00056390	634.04	634.04	渠道-76	微信	2020-08-14 09:40:34	2021-01-01 14:47:14	True
3	sys-2020-188208169	customer-211918	JDG-00008241	953.73	939.26	渠道-53	微信	2020-11-02 20:17:25	2021-01-19 20:06:35	False
4	sys-2020-203314910	customer-201322	JDG-00030253	857.54	760.15	渠道-53	WEB	2020-11-19 10:36:39	2021-08-07 12:24:35	False
5	sys-2020-283969279	customer-120872	JDG-00029046	803.87	795.61	渠道-52	APP	2020-12-26 11:19:16	2021-10-01 07:42:43	False
...	...	...	...	...	...	...	...	...	...	...
104553	sys-2022-268392025	customer-182189	JDG-00008239	433.71	373.55	渠道-56	微信	2022-01-01 23:30:57	2022-01-01 23:31:09	False
104554	sys-2022-213140521	customer-170057	JDG-00060370	395.14	395.14	渠道-00	APP	2022-01-01 23:31:26	2022-01-01 23:31:36	False
104555	sys-2022-274536228	customer-156592	JDG-00040574	2696.85	2696.85	渠道-98	微信	2022-01-01 23:46:56	2022-01-01 23:47:06	False
104556	sys-2022-279922239	customer-173702	JDG-00038728	1554.19	1376.89	渠道-98	APP	2022-01-01 23:47:01	2022-01-01 23:47:48	False
104557	sys-2022-250738010	customer-164299	JDG-00052556	3230.72	3159.28	渠道-00	APP	2022-01-01 23:48:26	2022-01-01 23:49:44	False

104557 rows × 10 columns

（4）提取 2021 年的电商订单数据。

```
In [4]: # 查看非2021年的电商订单数据
        df_order[df_order.orderTime.dt.year != 2021].index
Out[4]: Int64Index([    1,      2,      3,      4,      5, 104302, 104303, 104304,
            104305, 104306,
            ...
            104548, 104549, 104550, 104551, 104552, 104553, 104554, 104555,
            104556, 104557],
            dtype='int64', name='id', length=261)
```

```
In [5]: # 提取2021年的电商订单数据
        df_order.drop(index=df_order[df_order.orderTime.dt.year != 2021].\
                            index, inplace=True)
        df_order.shape
Out[5]: (104296, 10)
```

经过 In[5]删除非 2021 年的电商订单数据，发现减少了 261 条记录。

（5）删除与业务流程不符的电商订单数据。

```
In [6]: # 查看支付时间早于下单时间的电商订单数据
        df_order[df_order.payTime < df_order.orderTime]
```

Out[6]:

id	orderID	userID	goodsID	orderAmount	payment	channelID	platformType	orderTime	payTime	chargeback
14852	sys-2021-303932121	customer-185935	JDG-00033108	609.47	486.27	渠道-28	APP	2021-03-19 13:34:13	2021-03-07 10:19:28	False
15638	sys-2021-349926661	customer-104304	JDG-00019080	655.46	635.16	渠道-76	APP	2021-03-23 13:53:31	2021-02-09 13:24:49	False
16162	sys-2021-324041709	customer-230753	JDG-00007457	736.96	736.96	渠道-00	WEB	2021-03-25 17:09:07	2021-02-06 09:57:19	True
16383	sys-2021-314295685	customer-182087	JDG-00008287	2042.88	2003.14	渠道-00	微信	2021-03-26 22:47:12	2021-02-07 19:58:25	False
17003	sys-2021-348295045	customer-109824	JDG-00013489	1081.84	1075.74	渠道-28	微信	2021-03-30 14:18:54	2021-02-07 15:14:04	False

```
In [7]: # 删除支付时间早于下单时间的电商订单数据
        df_order.drop(index=df_order[df_order.payTime<df_order.orderTime].\
                            index, inplace=True)
        df_order.shape
Out[7]: (104291, 10)
```

经过 In[7]删除支付时间早于下单时间的电商订单数据，发现减少了 5 条记录。

```
In [8]: # 删除支付时长超过30分钟的电商订单数据
        time_tmp = df_order.payTime - df_order.orderTime
```

```
        df_order.drop(index=df_order[time_tmp.dt.total_seconds() > 1800].\
                          index, inplace=True)
        df_order.shape
Out[8]: (103354, 10)
```

经过 In[8]删除支付时长超过 1800 秒的电商订单数据，发现减少了 937 条记录。

```
In [9]: # 删除订单金额小于0或支付金额小于0的电商订单数据
        df_order.drop(df_order[(df_order.orderAmount < 0) | (df_order.\
                     payment<0)].index, inplace=True)
        df_order.shape
Out[9]: (103344, 10)
```

经过 In[9]删除订单金额小于 0 或支付金额小于 0 的电商订单数据，发现减少了 10 条记录。

（6）使用众数填充缺失值。

众数（mode）是指在统计分布上具有明显集中趋势点的数值，代表数据的一般水平。它也是一组数据中出现次数最多的数值。有时众数在一组数中有好几个，主要应用于大面积普查研究之中。

```
In [10]: channel_id = df_order.channelID.mode()[0]
         df_order['channelID'] = df_order.channelID.fillna(channel_id)
         df_order.info()
Out[10]: <class 'pandas.core.frame.DataFrame'>
         Int64Index: 103344 entries, 6 to 104301
         Data columns (total 10 columns):
          #   Column        Non-Null Count    Dtype
         ---  ------        --------------    -----
          0   orderID       103344 non-null   object
          1   userID        103344 non-null   object
          2   goodsID       103344 non-null   object
          3   orderAmount   103344 non-null   float64
          4   payment       103344 non-null   float64
          5   channelID     103344 non-null   object
          6   platformType  103344 non-null   object
          7   orderTime     103344 non-null   datetime64[ns]
          8   payTime       103344 non-null   datetime64[ns]
          9   chargeback    103344 non-null   bool
         dtypes: bool(1), datetime64[ns](2), float64(2), object(5)
         memory usage: 8.0+ MB
```

（7）使用正则表达式处理数据内容不一致的数据。

```
In [11]: # 显示"platformType"列数据中不重复的值
         df_order.platformType.unique()
         Out[11]: array(['微 信', '薇·信', 'APP ', '支付宝', 'AP P ', 'WEB ',
                        '支·付·宝', '网页', 'vx', '网 站', 'VX'], dtype=object)
```

从输出结果可知，除了有多余的空格及符号，还有错别字、大小写字母不统一和存在平台类型相同但名称不同的内容，这些都需要对其进行规范、统一设置。

```
In [12]: # 处理"platformType"字段，使同类数据保持一致
         # 替换为空字符
         temp = df_order.platformType.str.replace(r'\s|·', '', regex=True)
         temp = temp.str.upper()    # 统一设置为大写字母
         temp = temp.str.replace(r'薇信|VX','微信',regex=True) # 统一修改为"微信"
         temp = temp.str.replace(r'网页|WEB','网站',regex=True)# 统一修改为"网站"
         df_order['platformType'] = temp
         df_order.head(5)
```

Out[12]:

id	orderID	userID	goodsID	orderAmount	payment	channelID	platformType	orderTime	payTime	chargeback
6	sys-2021-279103297	customer-146548	JDG-00056475	667.33	667.33	渠道-76	微信	2021-01-01 00:12:23	2021-01-01 00:13:37	False
7	sys-2021-316686056	customer-104210	JDG-00070902	1834.13	1776.80	渠道-39	微信	2021-01-01 00:23:06	2021-01-01 00:23:32	False
8	sys-2021-306447069	customer-104863	JDG-00049963	837.32	818.33	渠道-00	微信	2021-01-01 01:05:50	2021-01-01 01:06:17	False
9	sys-2021-290267674	customer-206155	JDG-00025318	1144.50	1092.45	渠道-33	APP	2021-01-01 01:16:12	2021-01-01 01:16:25	False
10	sys-2021-337079027	customer-137939	JDG-00076876	641.93	641.93	渠道-52	支付宝	2021-01-01 01:31:00	2021-01-01 01:31:36	False

（8）新增"discount"（折扣）列，用于处理折扣大于 1 的记录。

```
In [13]: # 平均折扣 = 支付金额 / 订单金额
         df_order['discount'] = df_order.payment / df_order.orderAmount
         df_order[df_order.discount > 1]        # 查看折扣率大于1的记录
```

Out[13]:

id	orderID	userID	goodsID	orderAmount	payment	channelID	platformType	orderTime	payTime	chargeback	discount
16	sys-2021-322802617	customer-125220	JDG-00081204	667.55	4460.336684	渠道-53	微信	2021-01-01 07:59:45	2021-01-01 07:59:59	False	6.681652
46	sys-2021-321496315	customer-283798	JDG-00052028	1091.92	9488.802956	渠道-89	APP	2021-01-01 11:23:03	2021-01-01 11:23:17	False	8.690017
66	sys-2021-355823490	customer-258709	JDG-00092753	608.51	3829.854755	渠道-52	APP	2021-01-01 12:31:55	2021-01-01 12:32:23	False	6.293824
69	sys-2021-277578024	customer-223627	JDG-00083036	2651.98	22807.525449	渠道-53	APP	2021-01-01 12:37:41	2021-01-01 12:38:20	False	8.600188
148	sys-2021-355060894	customer-214122	JDG-00082628	461.52	2300.015720	渠道-00	APP	2021-01-01 14:44:49	2021-01-01 14:45:21	True	4.983567
...											
104163	sys-2021-378227947	customer-241360	JDG-00058172	677.25	4843.268060	渠道-52	APP	2021-12-31 14:32:32	2021-12-31 14:32:46	False	7.151374
104166	sys-2021-283219085	customer-153512	JDG-00036316	1763.56	16394.900600	渠道-46	APP	2021-12-31 14:45:13	2021-12-31 14:45:36	False	9.296480
104208	sys-2021-318820358	customer-170535	JDG-00073915	577.55	2700.984113	渠道-89	APP	2021-12-31 17:54:15	2021-12-31 17:54:32	True	4.676624
104236	sys-2021-248825327	customer-141211	JDG-00070694	2910.49	25977.889921	渠道-52	APP	2021-12-31 19:49:02	2021-12-31 19:49:15	False	8.925607
104284	sys-2021-305040124	customer-196066	JDG-00078780	5085.32	47410.229614	渠道-89	微信	2021-12-31 22:32:07	2021-12-31 22:32:33	True	9.322959

2009 rows × 11 columns

上述显示商品折扣率大于 1 的记录有 2009 条，不符合商家让利规则，由于记录数较多，如果直接将其删除，则会影响整个电商平台数据分析的结果。因此，本案例使用平均折扣率来代替这些折扣率大于 1 的值，并重新计算对应商品实际支付的金额。

```
In [14]: # 计算折扣率小于或等于1的平均折扣率，并保留2位小数
         mean_discount = round(df_order[df_order.discount <= 1].\
                         discount.mean(), 2)
         '''Pandas中的where()函数用于根据条件替换行或列中的值。如果条件为真，
            则值保持不变；如果条件为假，则替换为指定值，默认替换为NaN值'''
         df_order['payment']=df_order.payment.where(df_order.discount<=1,\
                     np.round(df_order.orderAmount * mean_discount, 2))
```

```
df_order['discount']=df_order.discount.where(df_order.discount<=1,
                    mean_discount)
print('折扣率大于1的记录: ',df_order[df_order.discount > 1])
print('支付金额大于订单金额的记录: ',df_order[df_order.payment > \
      df_order.orderAmount])
```

Out[14]: 折扣率大于1的记录: Empty DataFrame
支付金额大于订单金额的记录: Empty DataFrame

3. 计算 2021 年交易总金额（GMV）、总销售额、实际销售额、退货率和客单价

```
In [15]: gmv = df_order.orderAmount.sum()
         total_amount = df_order.payment.sum()
         total_payment = df_order[~df_order.chargeback].payment.sum()
         back_rate = df_order[df_order.chargeback]. \
                     orderID.nunique() / df_order.orderID.nunique()
         # 客单价（ARPPU, Average Revenue Per Paid User）= 总收入/总客户数
         arppu = total_payment / df_order.userID.nunique()
         print(f'交易总金额（GMV）: {gmv / 10000:.2f}万元')
         print(f'总销售额: {total_amount / 10000:.2f}万元')
         print(f'实际销售额: {total_payment / 10000:.2f}万元')
         print(f'退货率: {round(back_rate * 100, 2)}%')
         print(f'客单价: {round(arppu, 2)}元')
```

Out[15]: 交易总金额（GMV）: 12709.88万元
总销售额: 12122.91万元
实际销售额: 10509.67万元
退货率: 13.18%
客单价: 1336.26元

4. 计算 2021 年每月的 GMV、销售额、实际销售额及绘制月交易额趋势图

```
In [16]: # 计算出每月的GMV、销售额和实际销售额（以万元为单位）
         df_order['month'] = df_order.orderTime.dt.month
         x = [f'{x}月' for x in range(1, 13)]
         gmv_ser = np.round(df_order.groupby('month'). \
                   orderAmount.sum() / 10000, 2)
         sales_ser = np.round(df_order.groupby('month'). \
                     payment.sum() / 10000, 2)
         real_ser = np.round(df_order[~df_order.chargeback]. \
                    groupby('month').payment.sum() / 10000, 2)
```

（1）查看每月交易总金额。

```
In [17]: gmv_ser
Out[17]: month
         1     810.12
         2     642.80
         3     785.62
         4     848.18
```

```
      5    1175.96
      6    1247.15
      7    1199.05
      8    1227.69
      9    1140.17
     10    1098.77
     11    1278.24
     12    1256.13
```

（2）查看月销售额。

```
In [18]: sales_ser
Out[18]: month
      1     781.68
      2     623.13
      3     760.05
      4     818.01
      5    1114.90
      6    1190.28
      7    1134.86
      8    1162.18
      9    1074.28
     10    1040.15
     11    1218.19
     12    1205.20
```

（3）查看月实际销售额。

```
In [19]: real_ser
Out[19]: month
      1     676.75
      2     536.29
      3     658.85
      4     706.56
      5     969.76
      6    1037.41
      7     979.68
      8    1003.64
      9     939.07
     10     901.88
     11    1060.84
     12    1038.92
```

（4）下面使用 In[16]计算出来的数据绘制月交易额趋势图。

```
In [20]: # 创建画布
         plt.figure(figsize=(10, 4), dpi=300)
         # 绘制图表
         plt.plot(x, gmv_ser,marker='^',color='#FF0000',label='GMV')
```

```
plt.plot(x, sales_ser,marker='o',color='#00FF00',label='销售额')
plt.plot(x, real_ser,marker='*',color='#0000FF',label='实际销售额')
# 文本标注，plt.text（横坐标，纵坐标，内容，对齐方式）
for i in range(1, 13):
    plt.text(i - 1, gmv_ser[i] + 50, gmv_ser[i], ha='center')
    plt.text(i - 1, real_ser[i] - 100, real_ser[i], ha='center')
# 定制纵轴的刻度
plt.yticks(np.arange(400, 1501, 100))
# 定制横轴和纵轴的标签
plt.xlabel('月份',size=14)
plt.ylabel('金额（万元）',size=14)
# 定制图表的标题
plt.title('2021年月交易额趋势图', fontdict={'fontsize': 20, \
                                       'color': 'navy'})
# 定制图例
plt.legend(loc='lower right')
# 定制网格线
plt.grid(axis='y', alpha=0.25, linestyle='--')
plt.show()
```

Out[20]:

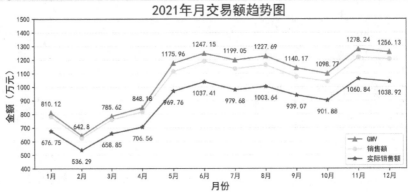

5. 绘制各渠道 GMV 占比圆环图

```
In [21]: # 绘制各渠道GMV排名前10的圆环图
         gmv_ser = df_order.groupby('channelID').orderAmount.sum()
         # nlargest()函数用于从数据框或序列中获取n个最大值，且无序
         gmv_ser.nlargest(10).plot(
             figsize=(6, 6),
             kind='pie',
             ylabel='',
             autopct='%.2f%%',
             pctdistance=0.75,
             counterclock=False,
             wedgeprops={'width': 0.5, 'edgecolor': 'white'},  # 楔入属性
             textprops=dict(fontsize=10, color='navy'))        # 文本属性
         plt.title('各渠道GMV排名前10的圆环图',
```

```
                    fontdict={'fontsize': 16, 'color': 'b'})
        plt.show()
```
Out[21]:

各渠道GMV排名前10的圆环图

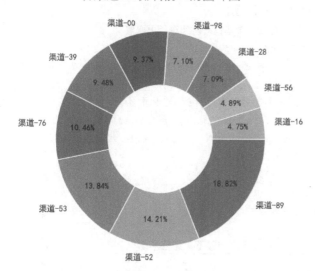

6. 分别绘制星期一至星期日下单量和每日各时段下单量的柱形图

（1）绘制星期一至星期日下单量柱形图。

```
In [22]: df_order['weekday'] = (df_order.orderTime.dt.dayofweek + 1) % 7
         temp = pd.pivot_table(df_order, index='weekday', values='orderID',
                               aggfunc='nunique')
         x = [f'星期{x}' for x in '日一二三四五六']
         plt.figure(figsize=(6, 4), dpi=600)
         plt.bar(x, temp.orderID)
         for i in range(len(temp)):
             plt.text(i, temp.orderID[i]+200, temp.orderID[i], ha='center')
         plt.yticks(np.arange(0, 18001, 2000))
         plt.ylabel('订单数',size=12)
         plt.title('星期一至星期日下单量柱形图', size=16)
         plt.show()
```
Out[22]:

星期一至星期日下单量柱形图

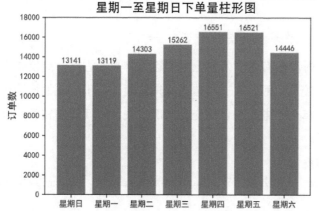

从上图中可以看出，星期四和星期五的下单量最高，星期日和星期一的下单量最低，出现这样的情况可能与法定的工作日和学习周有关。

（2）绘制每日各时间段下单量的柱形图。

```
In [23]:  # 新增"hour"列，并以30分钟为一个单位对时间进行下取整
          df_order['hour'] = df_order.orderTime.dt.floor('30T').dt.time
          temp = pd.pivot_table(df_order, index='hour', values='orderID',
                                aggfunc='nunique')
          # 随机生成48行3列数据，用于生成48种不同颜色的柱形条
          temp.plot(figsize=(10, 4), kind='bar', y='orderID', fontsize=9,
                    color=np.random.rand(48, 3), legend=False)
          plt.xlabel('时间序列',size=12)
          plt.ylabel('订单数',size=12)
          plt.yticks(np.arange(0, 7001, 1000))
          plt.title('每日各时间段下单量柱形图', size=16)
          plt.show()
```

Out[23]:

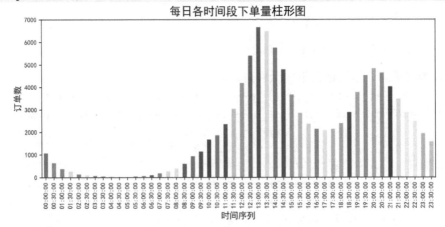

从图中可以发现，当客户到该电商平台上购买商品时出现两个下单高峰时间段，第一个为大高峰时间段（中午 12:00～14:30），第二个为小高峰时间段（晚上 19:00～21:00）。深夜至清晨时间段（1:00～7:30）下单量极少，如果对平台进行维护或升级改造，则尽量选择在该时间段完成。

7. 以月为周期对客户进行复购率分析

复购率一般是指在某段时间内有两次及以上购买行为客户的占比，能反映客户的忠诚度，但监测周期相对回购率较长。回购率一般监测周期较短，用于反映如短期促销活动对客户的吸引力。本案例是计算全年电商平台的交易情况，统计时间周期较长，因此，选择客户复购率对商品进行分析。

（1）以月作为统计时间窗口。

```
In [24]:  df_temp = pd.pivot_table(df_order, index='userID', columns='month',
```

```
                           values='orderID', aggfunc='nunique')
df_temp
```

Out[24]:

month	1	2	3	4	5	6	7	8	9	10	11	12
userID												
customer-100000	NaN	NaN	NaN	NaN	NaN	NaN	NaN	NaN	NaN	1.0	NaN	NaN
customer-100003	NaN	NaN	NaN	NaN	1.0	NaN	NaN	NaN	NaN	NaN	NaN	NaN
customer-100006	NaN	NaN	NaN	NaN	NaN	NaN	NaN	NaN	NaN	1.0	1.0	NaN
customer-100007	1.0	NaN	NaN	NaN	NaN	NaN	NaN	NaN	NaN	NaN	NaN	NaN
customer-100008	NaN	NaN	NaN	NaN	NaN	NaN	NaN	NaN	NaN	NaN	1.0	NaN
...	...	...	...	...	...	...	...	...	...	...	...	...
customer-299980	NaN	NaN	NaN	NaN	NaN	NaN	NaN	NaN	NaN	1.0	NaN	NaN
customer-299983	NaN	NaN	NaN	NaN	NaN	NaN	NaN	NaN	NaN	NaN	NaN	1.0
customer-299989	NaN	NaN	NaN	1.0	NaN	NaN	NaN	NaN	NaN	NaN	1.0	NaN
customer-299992	1.0	NaN	NaN	NaN	NaN	NaN	NaN	NaN	NaN	NaN	NaN	NaN
customer-299995	NaN	NaN	1.0	NaN	NaN	NaN	NaN	NaN	NaN	NaN	NaN	NaN

78650 rows × 12 columns

（2）自定义一个复购函数。

```
In [25]: def rebuy(x):
             if np.isnan(x):
                 return x
         # 三元条件运算：如果条件成立，则返回值为1；如果条件不成立，则返回值为0
             return 1 if x > 1 else 0
         # applymap()函数用于将指定的函数作用到DataFrame的每个元素上
         df_temp = df_temp.applymap(rebuy)
         df_temp
```

Out[25]:

month	1	2	3	4	5	6	7	8	9	10	11	12
userID												
customer-100000	NaN	NaN	NaN	NaN	NaN	NaN	NaN	NaN	NaN	0.0	NaN	NaN
customer-100003	NaN	NaN	NaN	NaN	0.0	NaN	NaN	NaN	NaN	NaN	NaN	NaN
customer-100006	NaN	NaN	NaN	NaN	NaN	NaN	NaN	NaN	NaN	0.0	0.0	NaN
customer-100007	0.0	NaN	NaN	NaN	NaN	NaN	NaN	NaN	NaN	NaN	NaN	NaN
customer-100008	NaN	NaN	NaN	NaN	NaN	NaN	NaN	NaN	NaN	NaN	0.0	NaN
...	...	...	...	...	...	...	...	...	...	...	...	...
customer-299980	NaN	NaN	NaN	NaN	NaN	NaN	NaN	NaN	NaN	0.0	NaN	NaN
customer-299983	NaN	NaN	NaN	NaN	NaN	NaN	NaN	NaN	NaN	NaN	NaN	0.0
customer-299989	NaN	NaN	NaN	0.0	NaN	NaN	NaN	NaN	NaN	NaN	0.0	NaN
customer-299992	0.0	NaN	NaN	NaN	NaN	NaN	NaN	NaN	NaN	NaN	NaN	NaN
customer-299995	NaN	NaN	0.0	NaN	NaN	NaN	NaN	NaN	NaN	NaN	NaN	NaN

78650 rows × 12 columns

（3）计算客户月复购率。

```
In [26]: df_rs = (df_temp.sum() / df_temp.count()).reset_index()
         # 将 "month" 字段名修改为 "月份"，"0" 字段名修改为 "复购率"
         df_rs.rename(columns={'month': '月份', 0: '复购率'}, inplace=True)
         df_rs
```

Out[26]:

	月份	复购率
0	1	0.018266
1	2	0.011415
2	3	0.017426
3	4	0.020204
4	5	0.030539
5	6	0.030531
6	7	0.025230
7	8	0.031641
8	9	0.024713
9	10	0.027912
10	11	0.029114
11	12	0.030849

（4）对客户月复购率表格进行样式风格化。

```
In [27]: df_rs.style.format(formatter={'复购率': lambda x:f'{x * 100:.2f}\
         %'}).background_gradient(subset='复购率', cmap='Reds')
```

Out[27]:

	月份	复购率
0	1	1.83%
1	2	1.14%
2	3	1.74%
3	4	2.02%
4	5	3.05%
5	6	3.05%
6	7	2.52%
7	8	3.16%
8	9	2.47%
9	10	2.79%
10	11	2.91%
11	12	3.08%

通过颜色的深浅度变化，我们可以非常直观地观察到客户复购率整体情况和个别情况。

8.2 电商订单客户价值分析

客户价值即客户对企业的利润贡献度。不同的客户对公司的贡献度是不同的，一般来说，公司 80%的收入是由 20%的客户带来的。在稳定期进行客户价值分析的目的是根据客户的价值挖掘其需求，并根据不同的价值对客户进行分类和差异化管理。企业通过分类，识别出能为企业带来更大利润的客户；并通过一系列的营销手段，提升客户满意度及忠诚度，从而获得更多的利润。

本案例使用 8.1 节预处理过的电商订单数据对客户价值进行分析，和应用 RFM 模型来识别不同价值的客户。下面先对 RFM 模型进行简要介绍。

扫一扫
看微课

1. RFM 模型简介

RFM 模型是使用较为广泛的客户关系管理分析模式，是一种客
户价值细分的统计方法。该模型包括 R（Recency，近度）、F（Frequency，频度）与 M（Monetary，

金额）3 个变量。R 是指最近一次消费时间与截止时间的间隔，在通常情况下，最近一次消费时间与截止时间的间隔越短，客户对即时提供的商品或服务也最有可能感兴趣。R 值越大，表示客户越很长时间未发生交易；R 值越小，表示客户经常有交易发生。F 是指客户在某段时间内所消费的次数。F 值越大，表示客户交易越频繁；F 值越小，表示客户不够活跃。消费频率越高的客户，也是满意度越高的客户，其忠诚度越高，客户价值也就越大。增加客户购买的次数意味着从竞争对手处抢得市场占有率，赚取营业额。商家需要做的是，通过各种营销方式不断地刺激客户消费，提高他们的消费频率，提升店铺的复购率。M 是指客户在某段时间内消费的金额。M 值越大，表示客户价值越高，M 值越小，表示客户价值越低。通常来说消费金额越大的客户，消费能力自然也就越大，这就是所谓"20%的客户贡献了 80%的销售额"的二八法则。而这批客户也必然是商家在进行营销活动时需要特别照顾的群体，尤其是在商家前期资源不足的时候。

通过对 RFM 模型的分析，要提高营业额，电商平台及店铺需做好以下几件事。

- 建立会员金字塔，区分各个级别的会员，如顶级会员、高级会员、中级会员、普通会员。针对不同级别的会员采用不同的营销策略，制定不同的营销活动。
- 发现流失及休眠会员，通过对流失及休眠会员的及时发现，采取营销活动，再次激活这些会员。
- 在短信、邮件营销（E-mail Direct Marketing，EDM）促销中，可以利用 RFM 模型，选取最优会员。
- 维系老客户，提高会员的忠诚度。

2. RFM 模型结果解读

RFM 模型包括 3 个特征，无法用平面坐标系来展示，这里使用三维坐标系进行展示，X 轴表示 R 近度特征，Z 轴表示 F 频度特征，Y 轴表示 M 价值指标。如图 8-2 所示。

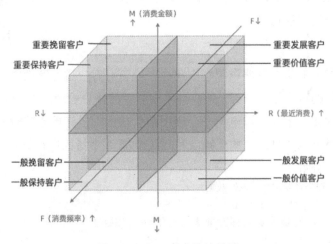

图 8-2 RFM 客户价值模型

从图 8-2 中可知，三维坐标系根据 RFM 模型特征将客户划分为 8 种客户价值类型，如表 8-1 所示。

表 8-1　以 RFM 为模型的客户价值分类

客户类型	R	F	M	运营策略	备注
重要价值客户	高	高	高	优质服务，重点保持	最近消费时间、购买频次和消费金额都很高，是企业的 VIP 客户。这类高价值客户是企业利润的主要来源
重要发展客户	高	低	高	着重提升购买频次，争取跃入重要价值客户	最近消费时间较近、消费金额多，但购买频次少，忠诚度不高。他们是很有消费潜力的客户，需要重点发展
重要保持客户	低	高	高	加强客户联系，提醒客户消费	最近一次消费时间较远，但曾经一段时间内购买频次和金额都很多，说明他们过去是一个忠诚客户。企业需要主动联系，尝试激活
重要挽留客户	低	低	高	加大促销力度	最近消费时间较远、购买频次少，但消费金额多，这些可能是将要流失或者已经流失的客户。企业应当采取挽留措施
一般价值客户	高	高	低	提升客单价	复购率高、购买频次多，但是消费金额少的客户
一般发展客户	高	低	低	提升新客户消费频次	复购率高，但是购买频次少、消费金额少的客户
一般保持客户	低	高	低	提醒消费	消费频次少，但复购率低、消费金额少的客户
一般挽留客户	低	低	低	流失风险大，使用促销方式召回	复购率低、低购买频次和消费金额都少的客户

从表 8-1 中可知，在 RFM 模型理论中，最近一次消费时间与截止时间的间隔 R、消费频率 F 和消费金额 M 是测算客户价值最重要的特征，这 3 个特征对营销活动具有十分重要的意义。

扫一扫
看微课

3．使用 RFM 模型对订单数据进行客户价值分析

客户是企业发展的重要战略资源，因此企业应该对客户进行有效的评价归类和管理。企业针对不同价值的客户进行分类，采取与之相适应的客户管理方式，深入挖掘客户价值，实现企业利润最大化。下面选取电商平台店铺销售数据中的订单创建时间、订单号和支付金额，从中提取最近购买时间、购买频率和购买金额 3 个指标进行 RFM 分析。

（1）客户价值分群。

```
In [1]: # 获取RFM模型需要用到的原始数据
        df_temp = pd.pivot_table(
            # query()函数可以根据逻辑表达式选择或过滤数据
            df_order.query('not chargeback'),
            index='userID',
```

```
              values=['orderTime', 'orderID', 'payment'],
              aggfunc={'orderTime': 'max',      # max: 最后一次下单的时间
                       'orderID': 'nunique',    # nunique: 统计不重复的订单数
                       'payment': 'sum'}        # sum: 全年消费金额求和
         )
         df_temp
```

Out[1]:

userID	orderID	orderTime	payment
customer-100000	1	2021-10-13 18:46:46	2109.52
customer-100003	1	2021-05-24 13:04:05	870.17
customer-100006	1	2021-11-14 15:37:19	523.02
customer-100007	1	2021-01-14 18:45:35	2244.56
customer-100008	1	2021-11-16 17:15:03	5018.60
...	...	...	...
customer-299980	1	2021-10-18 10:53:37	644.00
customer-299983	1	2021-12-27 17:57:11	949.91
customer-299989	2	2021-11-11 10:40:08	2026.52
customer-299992	1	2021-01-01 16:14:47	615.45
customer-299995	1	2021-03-30 16:35:12	467.64

70604 rows × 3 columns

（2）计算离统计时间节点最近的 R 值。

```
In [2]:  # 计算两个日期相差的天数
         last_day = datetime(2021,12,31,23,59,59)  # 2021-12-31 23:59:59
         df_temp['orderTime'] = (last_day - df_temp.orderTime).dt.days
         df_temp
```

Out[2]:

userID	orderID	orderTime	payment
customer-100000	1	79	2109.52
customer-100003	1	221	870.17
customer-100006	1	47	523.02
customer-100007	1	351	2244.56
customer-100008	1	45	5018.60
...	...	...	...
customer-299980	1	74	644.00
customer-299983	1	4	949.91
customer-299989	2	50	2026.52
customer-299992	1	364	615.45
customer-299995	1	276	467.64

70604 rows × 3 columns

（3）获取 RFM 模型中 3 个维度的原始值。

```
In [3]:  # 修改列名和重排列顺序
         df_temp = df_temp.rename(columns={'orderID': 'FOrigin',
                                           'orderTime': 'ROrigin',
                                           'payment': 'MOrigin'}).\
                          reindex(columns=['ROrigin',
                                           'FOrigin',
                                           'MOrigin'])

         df_temp
```

Out[3]:

userID	ROrigin	FOrigin	MOrigin
customer-100000	79	1	2109.52
customer-100003	221	1	870.17
customer-100006	47	1	523.02
customer-100007	351	1	2244.56
customer-100008	45	1	5018.60
...	...	...	...
customer-299980	74	1	644.00
customer-299983	4	1	949.91
customer-299989	50	2	2026.52
customer-299992	364	1	615.45
customer-299995	276	1	467.64

70604 rows × 3 columns

（4）将 RFM 原始值换算为客户价值等级。

由于使用原始值计算算术平均值容易受到极端值的影响，因此，我们将 R、F、M 的原始值换算成对应的 5 个等级，5 表示最高等级，1 表示最低等级，其他级别以此类推。如果对应数据的等级高于等级的平均值，则标记为"高"，否则标记为"低"。

查看 df_temp 数据框中 R、F、M 原始值相关统计信息。

```
In [4]: print(df_temp.ROrigin.describe())
        print("-"*30)
        print(df_temp.FOrigin.describe())
        print("-"*30)
        print(df_temp.MOrigin.describe())
Out[4]: count    70604.000000
        mean       148.910274
        std         99.661474
        min          0.000000
        25%         60.000000
        50%        138.000000
        75%        222.000000
        max        364.000000
        Name: ROrigin, dtype: float64
        ------------------------------
        count    70604.000000
        mean         1.270849
        std          0.548868
        min          1.000000
        25%          1.000000
        50%          1.000000
        75%          1.000000
        max          7.000000
        Name: FOrigin, dtype: float64
        ------------------------------
        count    70604.000000
```

```
        mean       1488.537478
        std        1344.540997
        min           1.670000
        25%         623.432500
        50%        1011.860000
        75%        1946.495000
        max       32919.770000
        Name: MOrigin, dtype: float64
```

依据上述 DataFrame 的统计信息自定义 3 个函数，分别用于将 R、F、M 的原始值换算为对应等级。

```
In [5]: def R_origin(value):        # 自定义R_origin()函数
            if value <= 7:
                return 5             # 最高级别
            elif value <= 15:
                return 4
            elif value <= 30:
                return 3
            elif value <= 60:
                return 2
            return 1                 # 最低级别
        def F_origin(value):         # 自定义F_origin()函数
            if value >= 5:
                return 5
            return value
        def M_origin(value):         # 自定义M_origin()函数
            if value < 400:
                return 1
            elif value < 800:
                return 2
            elif value < 1200:
                return 3
            elif value < 2000:
                return 4
            return 5;
In [6]: # 将R原始值换算为对应的等级
        df_temp['RLevel'] = df_temp.ROrigin.map(R_origin)
        # 将F原始值换算为对应的等级
        df_temp['FLevel'] = df_temp.FOrigin.map(F_origin)
        # 将M原始值换算为对应的等级
        df_temp['MLevel'] = df_temp.MOrigin.map(M_origin)
        df_temp
```

Out[6]:

userID	ROrigin	FOrigin	MOrigin	RLevel	FLevel	MLevel
customer-100000	79	1	2109.52	1	1	5
customer-100003	221	1	870.17	1	1	3
customer-100006	47	1	523.02	2	1	2
customer-100007	351	1	2244.56	1	1	5
customer-100008	45	1	5018.60	2	1	5
...	...	...	...	...	...	...
customer-299980	74	1	644.00	1	1	2
customer-299983	4	1	949.91	5	1	3
customer-299989	50	2	2026.52	2	2	5
customer-299992	364	1	615.45	1	1	2
customer-299995	276	1	467.64	1	1	2

70604 rows × 6 columns

（5）以 RFM 模型的 3 个维度重新表示客户价值等级信息。

```
In [7]:  # 删除RFM模型的原始值
         df_temp.drop(columns=['ROrigin','FOrigin','MOrigin'],inplace=True)
         # 与等级的均值进行比较，输出RMF模型3个维度的标签
         df_rs = df_temp > df_temp.mean()
         # applymap()属于元素级操作，传入的函数会作用到DataFrame的每个元素上
         df_rs = df_rs.applymap(lambda x: '高' if x else '低')
         df_rs.rename(columns={'RLevel': 'RTag',
                               'FLevel': 'FTag',
                               'MLevel': 'MTag'}, inplace=True)
         df_rs
```

Out[7]:

userID	RTag	FTag	MTag
customer-100000	低	低	高
customer-100003	低	低	低
customer-100006	高	低	低
customer-100007	低	低	高
customer-100008	高	低	高
...	...	...	...
customer-299980	低	低	低
customer-299983	高	低	低
customer-299989	高	高	高
customer-299992	低	低	低
customer-299995	低	低	低

70604 rows × 3 columns

扫一扫
看微课

（6）统计 8 种不同价值客户的数量。

```
In [8]:  # 构建一个不同价值客户的字典
         tags_dict = {'高高高': '重要价值客户',
                      '高低高': '重要发展客户',
                      '低高高': '重要保持客户',
                      '低低高': '重要挽留客户',
                      '高高低': '一般价值客户',
                      '高低低': '一般发展客户',
                      '低高低': '一般保持客户',
```

```
                    '低低低': '一般挽留客户',}
        # 自定义一个用于提取字典Value值的函数
        def make_tag(x):
            key = x['RTag'] + x['FTag'] + x['MTag']
            return tags_dict[key]
        # 将RFM模型的标签归纳成客户价值分群的标签
        ser = df_rs.apply(make_tag, axis=1)
        ser
Out[8]: userID
        customer-100000    重要挽留客户
        customer-100003    一般挽留客户
        customer-100006    一般发展客户
        customer-100007    重要挽留客户
        customer-100008    重要发展客户
                            ...
        customer-299980    一般挽留客户
        customer-299983    一般发展客户
        customer-299989    重要价值客户
        customer-299992    一般挽留客户
        customer-299995    一般挽留客户
        Length: 70604, dtype: object
```

方法一：使用 value_counts()函数统计每个群组有多少客户。

```
In [9]: ser = ser.value_counts().sort_index()
        ser
Out[9]: 一般价值客户     903
        一般保持客户    1501
        一般发展客户    8411
        一般挽留客户   29872
        重要价值客户    5446
        重要保持客户    8107
        重要发展客户    3085
        重要挽留客户   13279
        dtype: int64
```

方法二：使用分组聚合方法统计每个群组有多少客户。

```
In [10]: ser = ser.reset_index().rename(columns={0: 'Tag'}).groupby('Tag')\
            ['Tag'].count()
         ser
```

方法二的输出结果与方法一的输出结果相同。

（7）绘制细分客户群后不同价值客户占比饼图。

```
In [11]: ser.plot(kind='pie', figsize=(7, 7), autopct='%.2f%%',
             pctdistance=0.8, counterclock=False, ylabel='',
             wedgeprops={'width':1,'linewidth':1.5,'edgecolor':'white'})
         plt.title("价值客户分类占比情况",size=18)
         plt.legend(loc=10, fontsize=8)        # 图例居中
```

```
plt.show()
```

Out[11]:

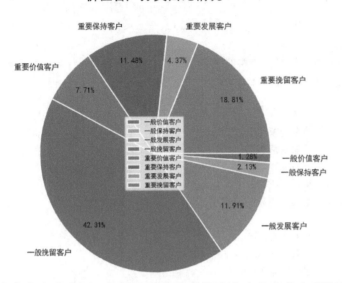

价值客户分类占比情况

　　从商业角度来分析，能够给企业带来较为稳定的营收和利润最大化的客户主要是"重要价值客户"、"重要发展客户"和"重要保持客户"。"重要挽留客户"由于存在诸多不确定因素，因此不考虑在内。"一般客户"类型虽然整体占比数量较大，由于消费金额较少，很难拉动整个企业的营收。从本案例电商订单的价值客户分类占比饼图来看，能为企业带来稳定营收和利润最大化的这3种客户共占23.56%，符合意大利经济学家维尔弗雷多·帕累托提出的帕累托法则（又被称为"二八法则"或"二八定律"），即20%的人口掌握了80%的社会财富。而放在本案例则有大约20%的客户为企业创造了80%的效益。

本章小结

　　本章结合电商订单客户价值分析的案例，介绍了RFM模型和客户价值的概念、客户价值分类的方法。本章首先介绍了电商平台数据处理与分析的步骤和流程，包括处理与业务流程不符的数据、空数据和数据类型不一致的数据等；其次介绍了绘制月销售额趋势折线图、各渠道GMV占比圆环图、下单量柱形图和不同价值客户占比饼图的方法，以及用户复购率的计算方法；最后较为系统地讲解了数据处理和分析的整个过程，还针对性介绍了如何为不同价值客户制定相应的营销策略。

本章习题

一、单选题

1. 以下不属于RFM客户价值分析模型常用特征的是（　　　）。

A. 消费金额

B．消费频率

C．消费人数

D．最近一次消费时间和截止时间的间隔

2．下列关于客户价值分析的说法错误的是（　　）。

A．RFM 模型常用于客户价值分析模型

B．RFM 模型适用于所有的客户价值分析

C．客户价值分析能够帮助企业制定营销策略

D．客户价值分析是客户关系管理的一部分

3．RFM 模型是针对客户使用的重要分类模型，RFM 模型中的 F 表示（　　）。

A．客户最近一次交易时间的间隔

B．客户在最近一段时间内交易的金额

C．客户在最近一段时间内登录的次数

D．客户在最近一段时间内交易的次数

4．RFM 模型把客户划分为 8 个不同层级，R、F 和 M 这 3 个指标均高的客户为（　　）。

A．重要价值用户

B．重要发展用户

C．重要保持用户

D．重要挽留用户

5．K-Means 算法一般采用欧式距离作为样本间相似性的度量，即认为两个样本的距离越近，其相似性（　　）。

A．越大

B．越小

C．越不确定

D．保持不变

6．数据分析师是一个科学严谨的岗位，对于从业人员的专业性要求非常高，以下行为中不能体现数据分析师专业性的是（　　）。

A．在分析成果完整交付后不断改进算法

B．充分了解业务需求后展开分析任务

C．不断迭代数据模型优化分析结果

D．只提供对业务结论有利的数据信息

7．数据分析师应该严格遵守职业操守，以下关于数据分析师应该遵守的职业道德操守描述错误的是（　　）。

A．遵纪守法、严于律己

B．保护数据资产的安全性

C．不使用不完善的算法模型

D．坚持诚信、公平、尊重、敬业的原则

8．"数据敏感性"是数据分析人员的重要软性技能之一，以下不属于"数据敏感性"涉及范围的是（　　）。

A．理解问题原因

B．理解数据结构

C．理解问题影响

D．理解分析结果

二、操作题

在篮球运动中，控球后卫与得分后卫的助攻数较多，小前锋的得分数较多，而大前锋与中锋的助攻数与得分数较少。表 8-2 所示为 21 名篮球运动员每分钟助攻数和每分钟得分数的数据集，请运用 K-Means 聚类算法将这 21 名篮球运动员划分为 5 类，并绘制散点图判断他们分别属于什么位置。

表 8-2　篮球运动员每分钟助攻数和每分钟得分数

	assists_per_minute	points_per_minute
1	0.0888	0.5885
2	0.1399	0.8291
3	0.0747	0.4974
4	0.0983	0.5772
5	0.1276	0.5703
6	0.1671	0.5835
7	0.1906	0.5276
8	0.1061	0.5523
9	0.2446	0.4007
10	0.167	0.477
11	0.2485	0.4313
12	0.1227	0.4909
13	0.124	0.5668
14	0.1461	0.5113
15	0.2315	0.3788
16	0.0494	0.559
17	0.1107	0.4799
18	0.2521	0.5735
19	0.1007	0.6318
20	0.1067	0.4326
21	0.1956	0.428

图 8-3 所示为 21 名篮球运动员助攻数和得分数情况散点图。

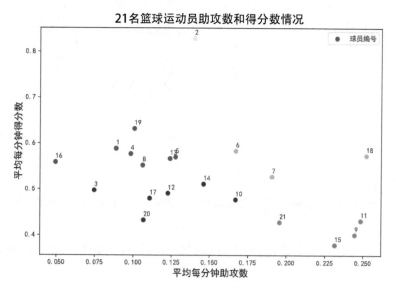

图 8-3　21 名篮球运动员助攻数和得分数情况散点图

参考文献

[1] 嵩天. 全国计算机等级考试二级教程：Python 语言程序设计[M]. 北京：高等教育出版社，2022.

[2] 魏伟一，李晓红，高志玲. Python 数据分析与可视化[M]. 北京：清华大学出版社，2021.

[3] 黄红梅，张良均. Python 数据分析与应用[M]. 北京：人民邮电出版社，2018.

[4] 黑马程序员. Python 数据预处理[M]. 北京：人民邮电出版社，2021.

[5] 谢志明，陈静婵. 基于数据分析下的整本书阅读教学策略创新性研究[J]. 电脑与信息技术，2022，30（04）：72-74+84.

[6] 余本国. 基于 Python 的大数据分析基础及实战[M]. 北京：中国水利水电出版社，2018.

[7] 许雪晶，林辰玮. 基于 RFM 的电商数据客户价值细分实例研究[J]. 长春师范大学学报，2021，40（04）：60-69.